U0052260

看專家
怎麼說

你沒想過的

奇妙動物的飼養方法

動物攝影師

松橋利光◎著

彭春美◎譯

漢欣文化事業有限公司
Han Shin Cultural Enterprise Co., Ltd.

前　言

　　和動物的邂逅總是突然到來，如果讓機會溜掉，或許就再也遇不上了。打從孩提時代就渴望的「牠」突然出現在眼前！要是幸運地抓到了，你會「因為身邊沒有容器可以裝」就放棄嗎？在寵物店看到可愛的「牠」，你會「因為現在的工作很忙」就放棄嗎？朋友説家中新誕生的「牠」要送養，你會「因為爸媽説不准養」就放棄嗎？年末送禮時被送來家中的「牠」，你會「因為説不出我想養」就放棄嗎？

　　如果各種相遇的場景都有理由放棄的話，不管到什麼時候都養不成動物吧！

　　工作也好，戀愛也罷，人生中最重要的就是別讓機會溜走。大多數的成功者，都不會讓眼前的機會溜掉。沒錯！正因為有把握機會加以實現的力量，才能帶來成功。

　　那麼，想要成為成功飼養者，該怎麼做才好呢？那就是要有「相當的膽量」、「相當的決斷力」、「不輕言放棄的心」，還有「實行力」！

動物攝影師　松橋利光

本書的
使用方法

這本飼養書主要是針對那些你可能會在各種場合遇見的動物們，
所以絕對不是探究特定種類的飼養書籍，
也不是用於所有動物的飼養書籍。
只是希望各位能珍惜每一次跟各種動物相遇的機會，
並且讓大家知道，再相遇之後也有「飼養」這個選項可以選擇。

其 1

如果你是
沒想過要飼養動物的人

請先試著從頭到尾將本書全部看過吧！讀完本書
後，如果還是沒興趣養的話，就沒有必要勉強。如
果可以的話，請將本書放在隨手可得的地方，反覆
閱讀。哪天當你產生興趣時，一定會有所幫助的。
另外，如果你看過本書而有了想要飼養的念頭，請
先將這個想法記在心裡，等之後遇見「想要飼養的
牠」時，再重新閱讀本書，試著去養養看。如果本
書能對你心中萌芽的小小飼養欲望有所幫助，那就
太好了。

其2 如果你是兒時曾經飼養過，但現在卻……的人

還是請你從頭到尾將本書全部看過。如果書中有你想要飼養的動物，何不積極地飼養看看？因為這樣能讓你找回兒時培養的飼養直覺。只要掌握契機，本書收錄的動物自然知道該怎麼養，至於沒有收錄的動物，只要使用自己的經驗和五感，應該也都有辦法飼養才是。而且，如果能成為和小孩一起飼養各種動物的父母親，那就太好了。

其3 如果你是什麼動物都養過的人

那就不用多說了，還是請你從頭到尾將本書看過吧！然後分析一下哪部分讓你有共鳴，哪部分無法讓你產生共鳴，如果能讓你再次確認自己的飼養技術，那就太好了。

1

動物攝影師松橋先生的飼養方法！

上學會出現在身邊的小動物 篇

看專家
怎麼說

你沒想過的
奇妙動物
的
飼養方法

2

爬蟲類專賣店老闆山田先生的飼養方法！

啥!?這種動物也能養篇

3

鳥羽水族館三位飼養員的飼養方法！

突然來到家中
的動物 篇

綜合寵物店老闆後藤先生的飼養方法！

來自朋友的送養 篇

各式各樣的用具

飼養上所需的用具，會依飼養的動物而有所不同。
不妨去寵物店或大賣場，跟店員討論一下自己飼養
的動物吧！

塑膠箱

有各種不同的大小和深度，適
合任何動物的萬用飼養箱。

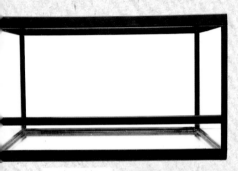

衣物收納箱

塑膠箱太小的時候，衣
物收納箱就可以派上用
場。使用時必須多費點
心思，使用烤肉網之類
的東西來做蓋子。

專用箱

市面上有爬蟲類專用的水族箱，還有兔子專用、
倉鼠專用、鸚鵡專用等等各式各樣的專用飼養
箱，請依動物選擇適合的箱子。

水族箱套組

水族箱和過濾器。還
搭配了除氯劑和飼料
等，只要有它就能夠
飼養了。有些熱帶魚
用的套組會搭配加熱
器，不妨配合飼養的
動物來選擇。

保溫燈泡

有紅色或黑色，還有陶瓷製
等各式各樣的燈泡。可連接
控溫器進行溫度管理。

控溫器

連接加熱器做為溫度
管理的用具。

電熱板

鋪在飼養箱底下的
保溫器。

溫度計

貼附在水族箱上，是用來測量溫度的必備用具。

風扇

當水族箱的溫度過高時，對著水面吹拂可以讓水溫稍微下降一點。

外掛式過濾器

因為是外掛式的，水族箱內的使用空間更大，過濾面積也夠大，非常方便。

投入式過濾器

只需投入水族箱中的簡易過濾器。連接在氣泵上使用。

藏身小屋

做為動物躲藏的地方。有各式各樣的商品，可依個人喜好和飼養的動物來選擇。

底床

鋪在底部的材料。請依據飼養的動物選擇。

可攜式冰箱

對於裸海蝶這些需要用冰箱飼養的動物來說非常方便。只要用這個就不會遭到家人反對了。

專用飼料

各種動物都能買到專用的飼料。

1

上學會出現在
身邊的小動物 篇

Profile

松橋利光

於水族館任職後，轉換跑道成為動物攝影師。專門拍攝水邊動物等野生動物，還有水族館和動物園的動物、奇特的寵物等等，以兒童書籍的製作為主。

就算是在課堂上也會有各種的動物登場，
有的還會養在教室裡。
而且走在路上明明也會遇到各種動物，
但現在的小學生好像很少有人會
想要抓回去自己飼養看看。
課堂上難得有機會學到動物的相關知識，
如果自己不試著養養看，就不會真的學到任何東西。
因為有些東西就是得要身體力行才能融會貫通的。
飼養動物才會體驗到看牠初次進食時的喜悅，
以及沒有好好飼養而讓牠死掉時的悲傷⋯⋯
透過小小生命所獲得的經驗，
能讓人深深體會到自然環境的重要性和生命的尊嚴，
這不就是在培育孩子們的心靈嗎？
只不過，在飼養動物時，
必須跨過各式各樣的障礙也是事實。
這時，請參考本書，萬一遇到
「在教鱂魚時繁殖的鱂魚，有人想要可以帶回家養喔！」
「課堂上要觀察鳳蝶，有人可以抓來嗎？」
之類的情況，如果能夠熱烈地舉手，
踴躍地表現，那就太好了。

上學會出現在身邊的小動物

鱂魚

一點也不費工夫！最適合剛開始飼養寵物的人

以前在課堂上也曾經飼養、觀察過鱂魚。那時班上有幾個喜愛生物的男孩子大顯身手，不只讓魚兒順利產卵，各組也都完成了觀察報告！報告的發表也非常成功。

不過，在那些男孩子的主導下，我總覺得興趣缺缺，結果自己什麼也沒做，只是照著大家說的做而已⋯⋯

「幼稚園的時候，鄉下的奶奶曾經帶我去小溪裡面抓過鱂魚呢～」——正當我沉浸在回憶當中時，班導說：「繁殖出來的鱂魚可以帶回去養哦！有沒有人想帶回去的？」

那時的我不自覺就舉起了手。雖然馬上慌慌張張地把手縮回來，但為時已晚。

畏首畏尾又不愛引人注目的我竟然會舉手，這讓周圍的人都嚇了一跳，全都一副「請儘管帶回家」的樣子。沒想到最後竟然變成我帶鱂魚回家，媽媽應該也嚇了一跳吧！

哎呀，該怎麼辦才好呢？

> 會整群游來游去哦！

> 因為眼睛長得比較上面，所以日文才會用形容眼睛長得高的詞來命名！

關於除氯

自來水中含有用來殺菌的氯，無法直接拿來養魚，因此必須先中和水中的氯。緊急時，可以加入市面上販售的除氯劑。如果只是要拿來換水之類，時間上比較充裕的情況，只要在水桶中裝入一些水，放置一天的時間，就可以讓氯揮發了。

DATA

體長 約4cm

紅鱂魚是被改良成寵物用的寵物鱂魚始祖。目前已經有各種不同顏色（品種）的鱂魚了。

連接在氣泵上使用
的投入式過濾器。

可以使用水草！

加入水草，除了穩定水質，也
可以做為鱂魚躲藏的地方。

砂礫不只是用來裝飾的

不使用砂礫也可以，不過不鋪上砂
礫，鱂魚會比較安心。

飼料用這個！

由於嘴巴朝上又小，因此
大顆飼料容易殘留或是四
散，必須給予鱂魚專用的
飼料才行。

眼睛又大
又可愛喲！

飼養方法

換水每次只能更換一半

要準備的東西有塑膠箱、投入式
過濾器，以及氣泵。
水族箱裝滿已經去除氯的水後，
投入接好氣泵的投入式過濾器，
讓水流動一段時間。雖然這樣就
可以飼養了，不過若能放入砂礫
或流木、水草，讓鱂魚有安心感
會更好。帶回家的鱂魚先連同塑
膠袋一起浮在水中，待水溫一致

後，再一點一點地混合兩邊的
水，讓鱂魚游入水族箱中。
因為有裝過濾器，所以不需要經
常換水，不過還是要以每月一
次的基準，每次更換一半左右的
水。過濾器如果髒汙就要清洗，
但是必須和換水時間錯開進行。

鳳蝶

別錯過誕生的瞬間！

在課堂上要飼養並觀察鳳蝶的幼蟲。大家的期待都落在平日就以喜愛動物聞名的我身上。不過鳳蝶的幼蟲什麼的，我根本連看都沒看過呀……說起來，附近的農田裡經常可看到鳳蝶媽媽，所以就先去看看吧！

剛好有個叔叔正在整理農田，所以我就問問看：「請問這附近有鳳蝶的幼蟲嗎？」

「啊～真不巧，我們家種的花椒樹上本來有很多，因為葉子都被吃光了，所以昨天灑了藥，我想應該已經沒有了。」

我當下大受打擊，但農夫叔叔又對我說：「牠會到柑橘樹或花椒樹上產卵，所以你去拜託媽媽買棵柑橘樹苗給你吧！說不定很快就會來產卵了。」

真的假的？回家後打開圖鑑看看，農夫叔叔說的好像是真的。於是我趕快向媽媽說明這是課堂上要用的，才總算遊說成功，讓媽媽買了柑橘樹苗給我……嘻嘻嘻！好期待好期待。

伸出口器吸食花蜜。

翅膀的鱗粉可以撥水，如果是毛毛雨也能照飛不誤。

DATA

體長 成蟲展開翅膀會超過10cm。
終齡幼蟲會長到4cm以上。
柑橘鳳蝶有2次成蟲的發生期，分別在春季和夏季

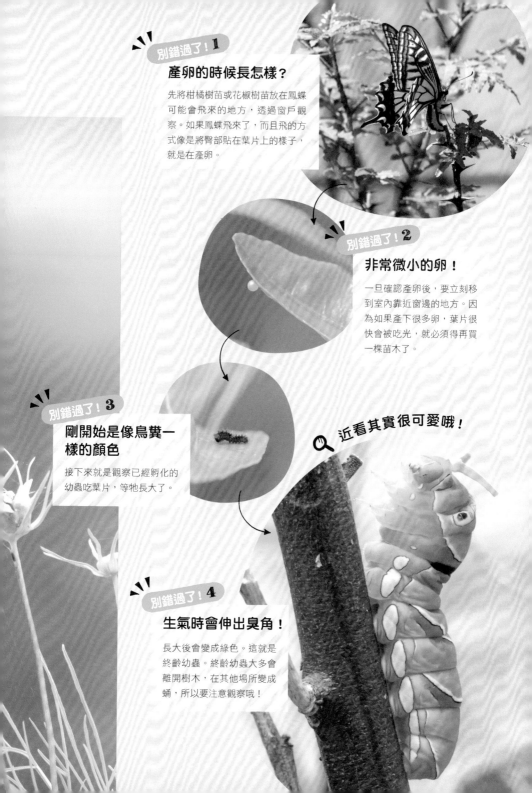

別錯過了！ **1**

產卵的時候長怎樣？

先將柑橘樹苗或花椒樹苗放在鳳蝶可能會飛來的地方，透過窗戶觀察。如果鳳蝶飛來了，而且飛的方式像是將臀部貼在葉片上的樣子，就是在產卵。

別錯過了！ **2**

非常微小的卵！

一旦確認產卵後，要立刻移到室內靠近窗邊的地方。因為如果產下很多卵，葉片很快會被吃光，就必須得再買一棵苗木了。

別錯過了！ **3**

剛開始是像鳥糞一樣的顏色

接下來就是觀察已經孵化的幼蟲吃葉片，等牠長大了。

近看其實很可愛哦！

別錯過了！ **4**

生氣時會伸出臭角！

長大後會變成綠色。這就是終齡幼蟲。終齡幼蟲大多會離開樹木，在其他場所變成蛹，所以要注意觀察哦！

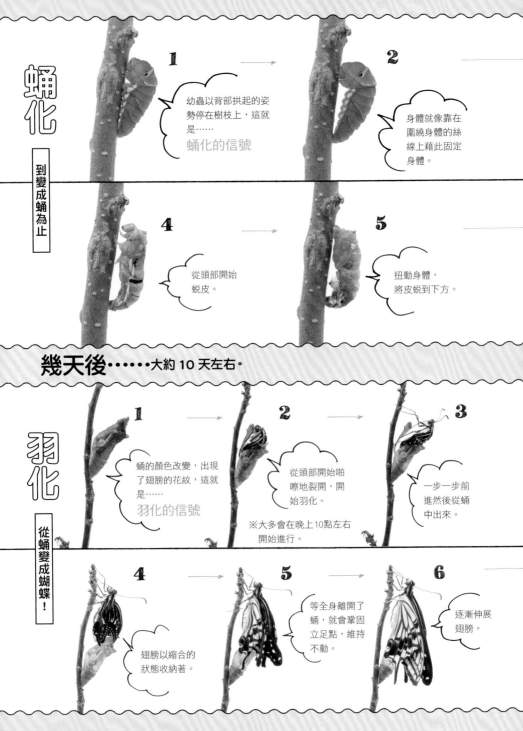

蛹化

到變成蛹為止

1
幼蟲以背部拱起的姿勢停在樹枝上，這就是……
蛹化的信號

2
身體就像靠在圍繞身體的絲線上藉此固定身體。

4
從頭部開始蛻皮。

5
扭動身體，將皮蛻到下方。

幾天後……大約 10 天左右。

羽化

從蛹變成蝴蝶！

1
蛹的顏色改變，出現了翅膀的花紋，這就是……
羽化的信號

2
從頭部開始啪嚓地裂開，開始羽化。
※大多會在晚上10點左右開始進行。

3
一步一步前進然後從蛹中出來。

4
翅膀以縮合的狀態收納著。

5
等全身離開了蛹，就會鞏固立足點，維持不動。

6
逐漸伸展翅膀。

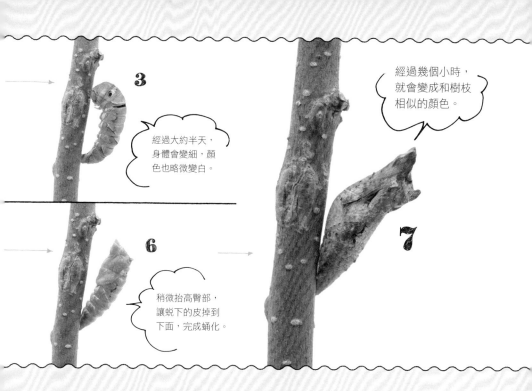

3

經過大約半天，身體會變細，顏色也略微變白。

6

稍微抬高臀部，讓蛻下的皮掉到下面，完成蛹化。

經過幾個小時，就會變成和樹枝相似的顏色。

7

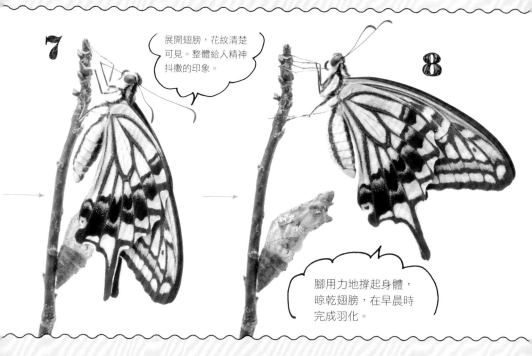

7

展開翅膀，花紋清楚可見。整體給人精神抖擻的印象。

8

腳用力地撐起身體，晾乾翅膀，在早晨時完成羽化。

飛蝗

長大會有7cm哦！

使用較大的塑膠箱

在較大的塑膠箱裡鋪滿來自庭院的黑土。飛蝗會將臀部插入土中產卵，所以泥土要填得深厚一些。放置小型的裝水容器，裡面放入潮濕的水苔等，做為飲用水用。由於飛蝗是吃禾本科植物的，因此只要在玻璃瓶中裝滿水，裡面插入取來的植物，就能完成用餐處和藏身處了喲！

上面是雄蟲，大約5cm。

濕透的水苔可做為飲水用。

下面是雌蟲，大約7cm。

DATA

體長　5～7cm
雌蟲比雄蟲還大，夏天時會出現在河灘附近。跳躍能力在常見的蝗蟲中是最強的。

今天的校外活動是後山探險。雖然說是後山，也就只是像小山丘一樣的山，裡頭雜草叢生，對小朋友來說是極具吸引力的場所。不過，就校方和家長看來，卻是平常人煙罕至的危險地帶。因此這是可以大搖大擺進入的難得機會。

我從一早就精神百倍，抱著捕蟲網和塑膠箱，惹得大家不由得發笑。不過我並不在意，因為我可是認真的喲～

雖然老師說「想抓的人也可以帶塑膠箱去」，不過這趟活動原本的目的是觀察花草和生物，由各班以素描或記錄的方式記下

將草插入瓶中

瓶中裝水，插入做為食餌的草。等吃到凌亂四散或是乾枯了就進行更換。

How to keep

泥土要稍厚一點

將泥土厚厚地鋪上，偶爾使用噴霧器等適度地噴濕。

飼料是什麼？

飼料主要是禾本科的草。只要放入纖細的雜草就會吃。

學校的後山有什麼生物，開了什麼花，整理完畢後在下個禮拜的課堂上報告。

不過，我才不管哩！總之先去捕捉大蝗蟲吧！

話雖如此，班上的女生還是煩死人了。一下子說「有蟲在我背上，幫我拿掉！」不然就是「你認真一點啦！」或是「趕快記筆記！」

因為抓蟲的時候覺得很礙事，所以筆記本早就已經被我丟下不管了……

中華劍角蝗的雌蟲可超過8cm！

中華劍角蝗

只要有這些設備，就能飼養大部分的蝗蟲了。飛蝗的成蟲會在秋天全部死亡，以卵過冬，所以成蟲死亡後，只要將塑膠箱中的泥土保持原樣，偶爾用噴霧器噴水，到春天時說不定就會有幼蟲誕生了。常見的中華劍角蝗也可以用同樣的方式來飼養。

螽斯

最愛吃肉！連同伴也不放過！？

DATA

體長 約3.5cm
後腳很長，但是只
抓腳的話很容易斷
掉。而且見人就咬，
要小心哦！

飼養方法

幾乎都會咬人！
而且很痛！！

在塑膠箱中鋪上蟋蟀用的底床
「蟋蟀飼養土」，並適度地
插上雜草，做為棲息的場所。
可以藉由吃小黃瓜等來補充水
分，不過偶爾還是要噴點水霧
來保持濕度。可能會同類相
食，所以要領是避免放入太多
隻。

有跳躍能力，
很難抓到。

要抓地上的飛蝗，只要確認牠
的著地點後揮動網子，八成
就捉到了，不過草上的螽斯可就有
點難捉了。

班級活動時，因為大家都滿不
在乎地一直靠近，於是就連螽斯也
警戒起來了。正當我心想「果然還
是抓不到吧？」時，突然有女生發
出慘叫聲：「哇！有大蝗蟲飛到我
身上了了～」。

「快幫我拿掉～」已經是半哭
的狀態了。我一邊竊笑一邊仔細一
看……喔！竟然是螽斯！

當下我連忙用手直接抓牠，結
果被咬了，真是痛死人了！不過我
可絕對不放手，因為我要帶回去
養！就在這樣的堅持下將牠放入塑
膠箱中。

應該可以跟剛剛抓到的飛蝗還
有不知種類的小蝗蟲一起飼養吧！
於是我就這樣高高興興地帶回家
了。

回到家仔細一看，哎呀！螽斯
竟然把小蝗蟲吃掉了！！！

我根本不知道螽斯是肉食性的
呀……

真是對不起呀～小蝗蟲。

腳的末端會像吸盤
一樣緊貼不放，可
以停在草上。

泥土是？

混合黑土或昆蟲
飼養土。

飼料是什麼？

因為是具有強烈肉食
傾向的雜食性，所以
可在小盤中放入小魚
乾或魩仔魚等，再將
小黃瓜等水分多的蔬
菜串成一串。

補充水分靠這個

串好做為飼料的
小黃瓜。

因為具有強烈的肉
食傾向，所以可以
在盤中放入沙丁魚
乾或各種小魚等。

螽斯的同伴藪螽斯
和棘腳螽的肉食傾
向也很強，所以帶
一隻回家就好喔！

帶一隻回
家就好！

牙齒雖然不大，咬人
卻會相當疼痛。

23

上學會出現在身邊的小動物

螳螂

視力超好！正看著你呢！

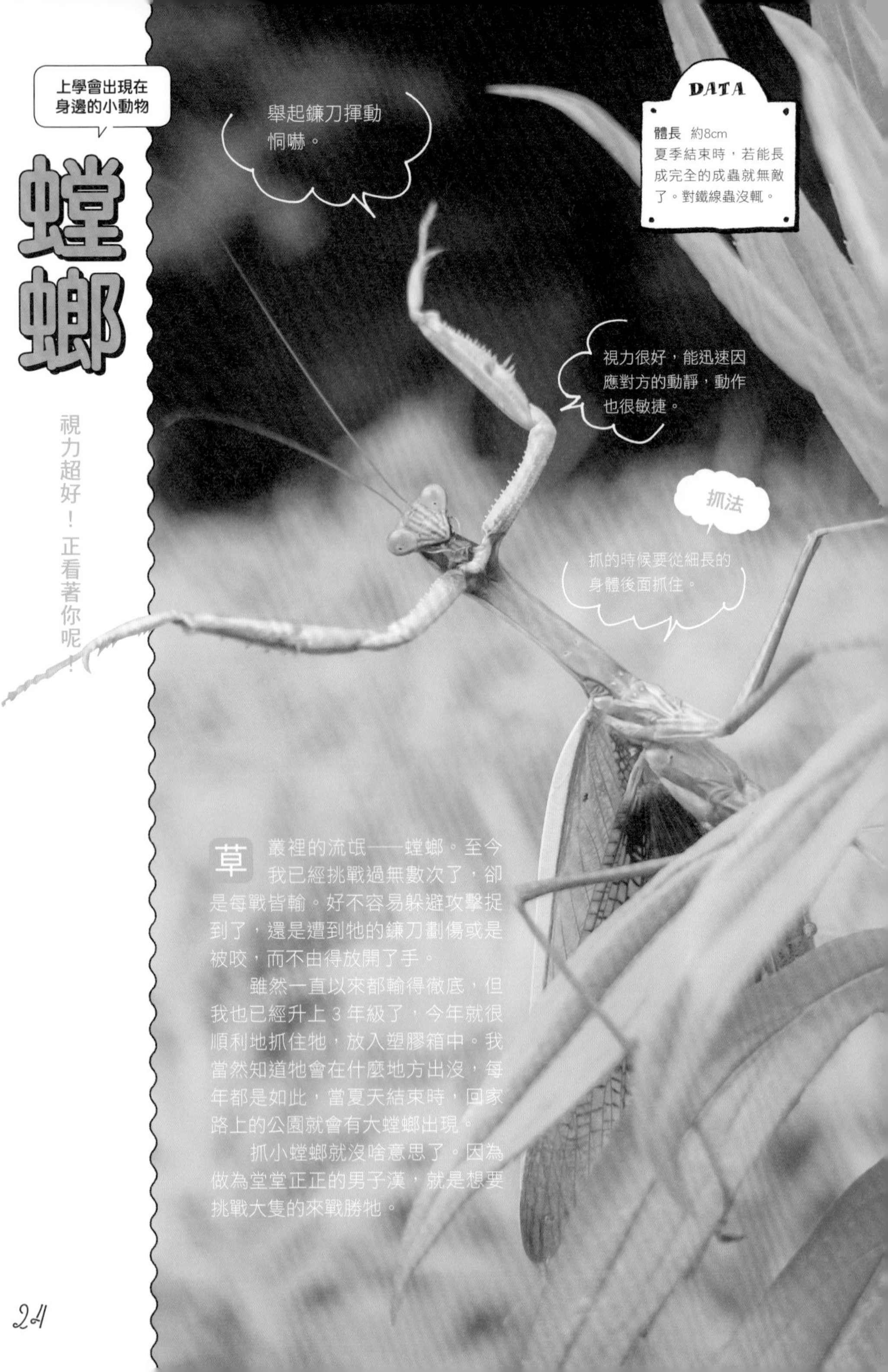
舉起鐮刀揮動恫嚇。
DATA
體長 約8cm
夏季結束時，若能長成完全的成蟲就無敵了。對鐵線蟲沒輒。
視力很好，能迅速因應對方的動靜，動作也很敏捷。
抓法
抓的時候要從細長的身體後面抓住。

草叢裡的流氓——螳螂。至今我已經挑戰過無數次了，卻是每戰皆輸。好不容易躲避攻擊捉到了，還是遭到牠的鐮刀劃傷或是被咬，而不由得放開了手。

雖然一直以來都輸得徹底，但我也已經升上 3 年級了，今年就很順利地抓住牠，放入塑膠箱中。我當然知道牠會在什麼地方出沒，每年都是如此，當夏天結束時，回家路上的公園就會有大螳螂出現。

抓小螳螂就沒啥意思了。因為做為堂堂正正的男子漢，就是想要挑戰大隻的來戰勝牠。

腳不著地型

螳螂很少來到地面，所以不用鋪
土，只要鋪上廚房紙巾，髒汙再更
換即可。可以放入禾本科植物的盆
栽，讓螳螂能抓住或是躲藏。在水
分的補充上，可在小盤中放入潮濕
的廚房紙巾，牠就會去喝水了。

How to keep

飼料是什麼？

飼料是昆蟲，所以要盡
可能每天抓些蝗蟲或蛾
放進去。有些季節很容
易抓到蜻蜓等，也很建
議做為牠的食餌。

請媽媽提供！

鋪上廚房紙巾，
髒了立刻更換。

飲水處

在小盤中放上弄濕
的紙巾或水苔，做
為飲水用。

做為草叢！

因為習慣躲藏在草中
等，所以配置植物可
讓牠感到安心。

25

上學會出現在身邊的小動物

水蠆

變成蜻蜓的時間是晚上 8 點到 11 點！

馬上就到夏天了！在游泳課開始前，6 年級生必須打掃泳池。放掉又綠又髒的池水，一邊發著牢騷說「好髒哦～」或是「好臭～」，一邊準備開始打掃時……

發現水蠆了！仔細一看還真多哩！

其實，我早就從去年的 6 年級生那裡聽說了。

「清掃泳池的工作雖然又髒又討厭，可是對喜歡昆蟲的人來說，那裡卻是座寶山哩！」當然我也採納了學長的意見，有備而來，口袋裡準備了塑膠袋。

有好幾個朋友也拜託我「只要是大隻的，全部都給我！」於是我便一邊打掃，一邊俐落地將水蠆裝入塑膠袋中。

本來不想讓老師發現，不過好像還是被老師知道了。「差不多要潑灑氯水了喔～」沒多久，老師就像這樣大聲地宣告採集結束了。

回到教室，急忙把抓到的移至塑膠箱中，差不多有 4 種。

到底會變成哪一種蜻蜓呢？真讓人期待呢！

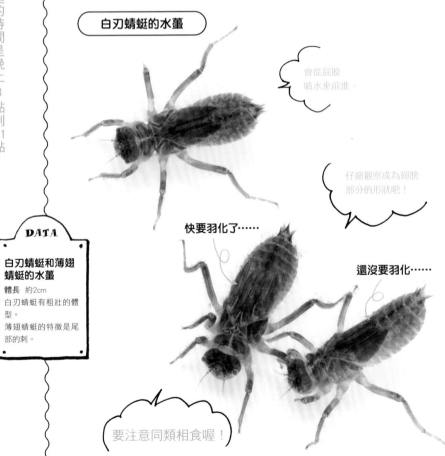

白刃蜻蜓的水蠆

會從屁股噴水來前進。

仔細觀察成為翅膀部分的形狀吧！

快要羽化了……

還沒要羽化……

要注意同類相食喔！

DATA

白刃蜻蜓和薄翅蜻蜓的水蠆

體長　約2cm
白刃蜻蜓有粗壯的體型。
薄翅蜻蜓的特徵是尾部的刺。

氣泵

連接投入式的過濾器。

HOW TO KEEP

飼料是什麼？

開始飼養雖然容易，但其實在飼料上比較棘手一些。水蠆的飼料是孑孓、紅蟲等較小的水生昆蟲，也會吃鱂魚等。要給予不會過大的飼料。附近的田地等如果有的話，不妨前去捕撈；如果沒有的話，不妨詢問一下寵物店。

投入式過濾器

髒了請立刻清洗！

棲木

羽化的時候會爬上來。

水草等

因為可以用來躲藏或是捉住，所以多放入一些。

也會將體型差不多大小的鱂魚吃掉哦！

水加入到一半左右

羽化開始的信號！！

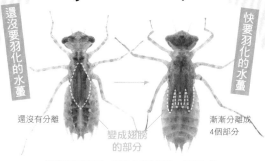

還沒要羽化的水蠆

快要羽化的水蠆

還沒有分離

變成翅膀的部分

漸漸分離成4個部分

變成翅膀的部分，形狀會發生變化。如右上所示，原本是以菱形為一體的部分，漸漸獨立分離成了4個部分。出現這樣的變化後，幾天內就會進行羽化，不妨多加注意。大多數的情況是在晚上8點到11點時，會抓住竹筷爬出水面，請在微光中靜靜地持續觀察吧！

飼養方法

準備竹筷，打造飼育場所

塑膠箱裝入一半左右的水，讓投入式過濾器開始運轉。清洗泳池時抓到的水蠆，可能是薄翅蜻蜓或白刃蜻蜓。由於剛好是在羽化的時期，所以可能在餵食不久後就會開始羽化。將竹筷插在劍山上，露出水面，搭造成羽化的場所。

27

水薑的羽化

大約從傍晚開始會出現爬木條般的動作，如此一來就要有熬夜觀察的覺悟了！

1

從晚上8點開始……

因為晚上8點左右會開始爬上木條，所以大多發生在這個時候。

2

爬上後不久，背部就會裂開，從裡面出來。

3

全身都出來後，開始展開翅膀。

4

翅膀完全伸展後，接著是腹部。

其他還有……

超稀有!!

能夠發現是超級幸運！

無霸勾蜓

體長　約4cm

毛多且巨大！

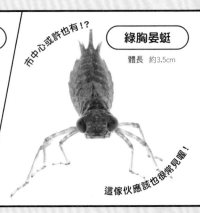

市中心或許也有!?

綠胸晏蜓

體長　約3.5cm

這傢伙應該也很常見喔！

28

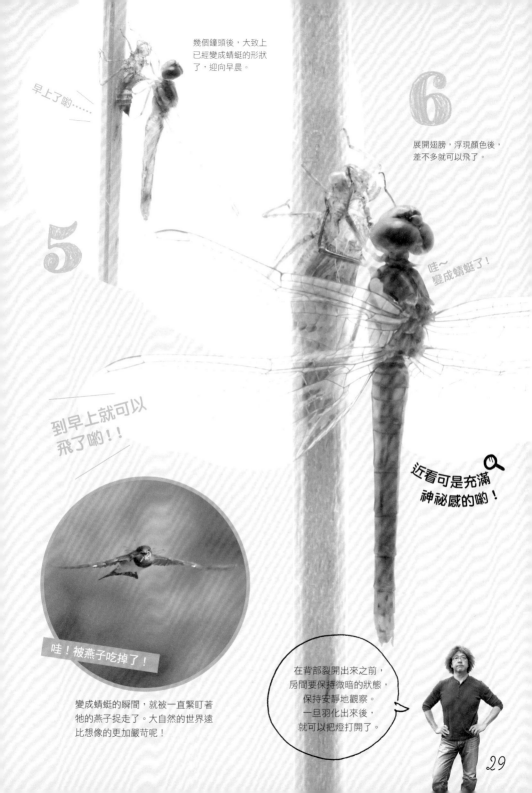

幾個鐘頭後，大致上
已經變成蜻蜓的形狀
了，迎向早晨。

早上了喲……

6

展開翅膀，浮現顏色後，
差不多就可以飛了。

5

哇～
變成蜻蜓了！

到早上就可以
飛了喲！！

近看可是充滿
神祕感的喲！

哇！被燕子吃掉了！

變成蜻蜓的瞬間，就被一直緊盯著
牠的燕子捉走了。大自然的世界遠
比想像的更加嚴苛呢！

在背部裂開出來之前，
房間要保持微暗的狀態，
保持安靜地觀察。
一旦羽化出來後，
就可以把燈打開了。

29

日本紅娘華・龍蝨

將屁股伸出水面來呼吸

鐮刀很可怕!?

將屁股的管子伸出水面來呼吸。

DATA

體長 約3.5cm
會用鐮刀緊緊抓住小魚，吸取體液。

用前腳的鐮刀來捕獲獵物。

將屁股伸出水面來呼吸。

DATA

體長 約1.5cm
現在很罕見的龍蝨，偶爾還是可以在田地或水塘裡發現。

像槳一樣的後腳，非常善於游泳。

我的運氣有夠好，沒想到竟然能夠看到這些傢伙。雖然聽説過「打掃泳池不只能發現水蚤」，卻沒想到會有日本紅娘華，甚至還有鮑氏麗龍蝨……
還上什麼課，早就心不在焉了呀。

其他還有……

水螳螂

飼養方法

相當愛吃肉！

塑膠箱中鋪上砂礫，把
水裝到水面上還有一些
空間的程度，讓投入式
過濾器開始運轉，拉開
距離地插入容易讓牠抓
住的水生植物（沒有的
話，也可以用竹筷）。

飼料是什麼？
放入鱂魚之類的小魚
一起飼養，牠就會自
己抓來吃。

**投入式
過濾器**

How to keep

砂礫上插入植物，
做為棲息的場所。

龍蝨的
飼養方法

吃超市販售的
魚肉片

塑膠箱中鋪上砂礫，安
裝投入式過濾器。放入
可讓牠抓住或做為藏身
處的流木等。

飼料是什麼？
每天給予碎魚肉或
觀賞魚用的乾燥蝦
飼料等。

儘量接近自然狀態
用流木和水草打造可以讓牠
抓住或躲藏的場所。

How to keep

投入式過濾器
打氣不要開太大。

松藻蟲

牙蟲

點刻小牙蟲

上學會出現在身邊的小動物

日本石龍子

在牠動作緩慢的早晨捕獲了！

離家 10 分鐘的上學之路。我身為通學小組的隊長，帶著 6 個學弟妹，悠哉地走在每天上學的路上。1 年級生對我說了很多昨天發生的事情，非常可愛；5 年級生的副隊長也很可靠，一點問題也沒有。但還是有一件讓我在意的事。

一彎過某個小徑，就會傳來沙沙的聲音，讓人覺得好像附近有什麼東西的樣子。我心想不能讓低年級生遭遇危險，於是小心警戒著，不過卻什麼也沒看到。就這樣，每天早上都為這個看不見的敵人感到害怕……

不過，就在某一天，這樣的不安輕易地解決了。那時學校舉行遠足，早上我必須獨自上學。彎過這個小徑後，出現了一隻長相可愛的石龍子，正在向陽處晒太陽呢！或許是因為時間比平常稍微早一點，所以身體還沒溫暖起來？還是因為只有我一人靜悄悄地靠近，所以沒被發現？總之牠並沒有要逃走的樣子！

等我回過神來，牠已經被我死命地抓住了。

偏偏接下來要去遠足，抓著是要怎麼辦呢……可是這次不抓，或許再也沒有這樣的機會了。於是我決定把放在背包外袋的嘔吐袋和面紙移到別的口袋，然後將牠放入外袋中。今天一整天就和石龍子一起去遠足囉！

我得小心不要把外袋給壓扁了～（好高興）。

※石龍子在陰暗處會睡覺而不太活動，所以沒有問題。

飼養方法

擺設得雜亂一點會比較好哦！

塑膠箱中鋪上昆蟲飼養土或庭院的泥土，在角落設置裝水容器，堆疊飼養獨角仙用的棲木等，打造成藏身處。將大量擺設品雜亂地放入，可以讓石龍子安心。這個設備不但可以飼養石龍子，也可以飼養草蜥。

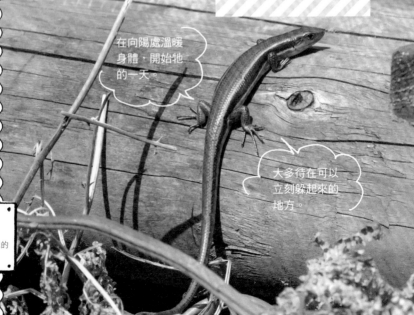

在向陽處溫暖身體，開始牠的一天。

大多待在可以立刻躲起來的地方。

DATA

體長　約20cm
敏捷度天下第一。
一大清早是捕抓牠的最佳時刻。

How to keep

打造躲藏的場所

堆疊昆蟲用的棲木等，打造藏身處。

**就像在
大自然裡一樣……**

在泥土上配置庭院的
雜草等，讓它近似大
自然的布置。

飼料是什麼？

石龍子的飼料是昆蟲。因為是大胃王，所
以要每天給。如果無法自行捕捉，最近很
多寵物店都有販售餵食用的蟋蟀，可以去
附近的店裡問問看。如果真的為飼料感到
困擾，也可以用家庭大賣場等到處都有販
售的餵鳥用麵包蟲來代替。但是一般認為
麵包蟲的營養較少、難以消化，最好避免
長期食用。草蜥也可以用同樣的方式進行
飼養。

裝水容器

不可沒有水，
要保持乾淨。

前腳像手
一樣可愛。

抓牠的時候，要瞄準頸部
到前腳的根部一帶。

草蜥

**捕抓的時候要
注意斷尾！！**

日光浴雖然是必需的，但也
一定要打造遮陰的場所。

一感覺危險，尾巴就會
自己斷掉，需注意！

就像浴缸一樣！
約可浸泡全身的裝水容器。

日本錦蛇

長度可達180cm！?全身肌肉的健美先生

How to keep

DATA

體長　約180cm
基本上是溫馴的蛇，不過緊急時還是會咬人，所以不能掉以輕心。

我老婆是蛇年生的，似乎對蛇抱有奇妙的親近感。曾經開玩笑地說：「好想要養隻蛇哪～」之類的話，不過好像也只是說說而已，所以我也沒放在心上，只是笑著說：「不行不行～」

某天，在附近的公園散步時，竟然遇到了日本錦蛇。「這種地方竟然也有蛇！」老婆看到，簡直笑得合不攏嘴。接下來看她捉蛇的樣子，就彷彿在看慢動作。她兩手拿著捉到的蛇，開開心心地問我：「可以養這隻蛇嗎？」果真想要養啊。真是拿她沒辦法……只好對她說：「但是不可以讓牠跑掉喔！」看到老婆那樣的笑容，實在讓人難以拒絕呀～（笑）。

一抬頭就看到樹上有蛇!?
竟然有這種事……！

樹枝是蛻皮時的必備物品

放入樹枝，可以讓蛇在空間中四處活動，或是做為蛻皮時的磨皮處。

喜愛狹窄的藏身處。

飼料是什麼？

蛇會吃青蛙或老鼠，所以每週一次，要餵牠田裡抓來的青蛙，或是寵物店販賣的餵食用老鼠。

飼養方法

喜歡清潔，是脫逃高手！

在堅固的塑膠箱中鋪上廚房紙巾或報紙，再放入裝水容器和藏身處，以及蛻皮時用來磨皮的樹枝就可以了。

由於蛇是脫逃高手，所以要用束帶牢牢固定整個蓋子，防止脫逃。在蛻皮前有時會將全身泡在水中，所以裝水容器必須是可讓全身進入的大小。此外牠們大多會在裡面排便，請立刻清掉，讓水經常保持乾淨。蛇喜歡清潔，鋪在下面的廚房紙巾如果髒了請立即更換。清掃時要將蛇移到其他的塑膠箱後再進行。暫放的塑膠箱也別忘了要綁上束帶。

觸感乾爽滑溜，全身肌肉非常結實。

請注意！

盤繞成一團時，表示牠已經做好咬人的準備了。

束帶！

不要忘了綁上預防脫逃的束帶！

35

蝸牛

蝸牛殼出乎意料地柔軟呢！

視力不太好。

出乎意料！？
外殼柔軟，容易破裂，抓的時候要注意。

🔍 仔細瞧，
還是有點讓人(>o<)

會留下滑溜的痕跡慢慢前進。

雨 天外出兜風，在等紅綠燈時發現前面的車子有可愛的蝸牛貼紙。我對兒子説：「看！那裡有蝸牛貼紙呢！」沒想到牠竟然動了？是真的蝸牛！

想像力豐富的我，開始在腦袋裡幻想各種可能會發生的事。車子開動時，撐不住的蝸牛會不會掉下來，然後被開在後面的我給壓死？萬一天氣突然放晴，會不會被晒死？如果一直沒人發現，車子開去給機器洗車該怎麼辦！？

就在這個時候，前面的車子剛好在平交道口被擋下來，於是我便打到 P 檔，拉起手剎車，急忙跑過去説明原委，要到了那隻蝸牛。

還好我總是帶著用來丟尿布的塑膠袋。將蝸牛放入塑膠袋中後，讓袋子鼓起地封住袋口，又可以重新出發了！

飼養方法

雖然看起來又髒又黏，其實卻很愛乾淨！？

蝸牛喜歡濕度高的環境，所以要在塑膠箱中鋪滿微濕的水苔，放入裝飼料的大盤子和小盤子。水苔大約以單手擰乾過的濕度為剛好。
因為濕度高的關係，如果無法保持清潔，殘留的糞便或飼料很快就會發霉，所以要每週一次，將所有的器具用水清洗乾淨。

DATA

體長 約4cm
下雨天裡很常見，晴天時則會躲藏在樹葉背面等。

吃了高麗菜後，排出綠色的糞便。

看！和飼料相同顏色的糞便。

吃了紅蘿蔔後，排出橘色的糞便。

蝸牛的飼料顏色會直接反映在糞便上。給予各種不同顏色的蔬菜也很有趣哦！

How to keep

飼料是什麼？

在大盤子中放入高麗菜或紅蘿蔔這類主要飼料，小盤子中放入蛋殼，以補充形成蝸牛殼所需的鈣質。

以蛋殼來補充營養

擰乾的水苔要保持清潔，經常噴水，以免乾燥。

飼料要每天更換

鼠婦

幾乎不需要飼料費？

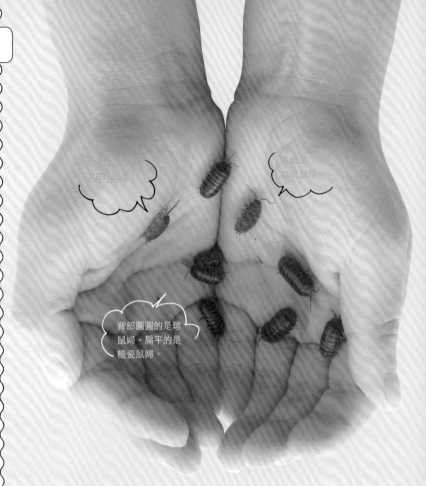

這是糙公貼鼠婦
（平甲鼠婦）

這也是
糙瓷鼠婦

背部圓圓的是球
鼠婦。扁平的是
糙瓷鼠婦。

DATA

體長 約1cm
如果在水泥地上翻
倒，很可能會翻不回
來，請積極地給予幫
助。

我 兒子非常喜歡鼠婦，已經喜歡到可以説是朋友的程度了。經常在從幼稚園回家的路上，把抓到的鼠婦緊握在手裡不放，所以在院子總會發生短暫的爭執……每天都得要説服他把鼠婦放回牠們原本的地方。

某天晚上，因為想要洗衣服而翻開兒子的褲袋時，發現裡面有一堆小石子。心想「真是拿他沒辦法～」而將口袋翻過來之後，「哇～這不是鼠婦嗎？」果真沒錯。

因為是住在公寓的4樓，沒有地方給牠們放生，老公和兒子也都睡了，我也不想在大半夜一個人出門放生鼠婦。

沒有辦法，只好在裝草莓的包裝盒中鋪上廚房紙巾，放入鼠婦後包上保鮮膜，就先這樣放著。

早上，兒子發現裝在草莓盒中的鼠婦，驚喜地問：「可以養嗎？」老公也在一旁起哄説：「那我回家的時候就去買個塑膠箱吧！」

男人啊！真是的……

稍微搖晃一下就會
嚇得蜷起來。

一感到危險就會緊緊蜷成圓形

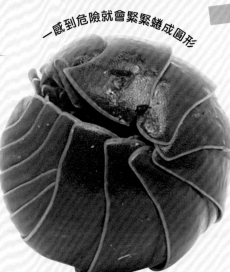

下面如果是軟土或是
樹葉，就算踩到也不
會壓扁……應該吧！

在腹部的膜中孵卵

白色的就是
鼠婦寶寶。

可以產下50隻以上喲！

抓法

可以在讓牠手掌上
滾動或是自由地在
指尖上行走。

飼養方法

偶爾要噴濕

塑膠箱中鋪上腐葉土或昆蟲飼養
土，上面放多一點落葉，再加上市
售的幾根鍬形蟲產卵用朽木，他就
會藏在下面。
請避免完全乾燥，偶爾要噴水讓泥
土潮濕。鼠婦不喜歡身體潮濕，
因此噴霧器的水要注意不要直接對
著牠噴。當落葉被鼠婦吃掉而減少
時，就要追加落葉。泥土雖然不需
定期做更換，但若是給予蔬菜等，
泥土就會弄髒，如果發出不好的氣
味或是發霉了，就要連同泥土一起
換掉。

飼料是什麼？

飼料是落葉或高麗
菜、紅蘿蔔、蘿蔔
乾之類。也可以吃
金魚的飼料等。

How to keep

會待在木頭下面哦！

只要堆放木頭，就會躲
藏在下面或是木頭的縫
隙中。

飼料是落葉

落葉是躲藏處，
也可以成為食餌。

泥土要保持
微濕

蟾蜍

也會吃鼠婦哦！比起跳躍，更擅長步行

水分補給處

濕淋淋的水苔。

地面

鋪上昆蟲飼養土或泥土，
保持乾燥。

飼料是什麼？

活蟲。不管是糙瓷鼠婦、球
鼠婦還是蚯蚓，什麼都吃。
食量很大，為避免無法自行
採集供應，還是先找好有販
售蟋蟀的寵物店吧！

飼養方法

蛙類會用肚子喝水！？

在可以完全緊蓋的塑膠箱中鋪上泥土
或昆蟲飼養土，放置裝水容器和全身
都可以進入的藏身處。這次是放入切
成一半的花盆，也可以使用寵物用品
區販售的一般小屋商品。蟾蜍除了繁
殖期之外，幾乎不會自行游泳。因為
是生活在森林等地，所以泥土要小心
不可過度潮濕。

蛙類不是用嘴巴喝水，而是由肚子來
吸收水分的，所以不需要打造裝滿水
的飲水場。在裝水容器中放入潮濕的
水苔即可。

DATA

體長 約10～15cm
在日本3月到4月的繁
殖或梅雨時期，常
可見到巨大蛙類。

40

我們生活的地方有點鄉下。電車的班次很多，離高速公路交流道也很近，有許多漂亮的新房子。搬來這鄉下的新興住宅區，很快就過了一年。距離小農村特有的大型購物中心和家庭大賣場都很近，住起來超舒服，沒什麼可抱怨的。

可是，突然就發生了那件事……

在某個下雨的夜晚，我如往常般開車疾駛在回家的路上。從進入住宅區附近的道路開始，就覺得路上好像有東西。越接近家裡，這拳頭大小的生物數量就越多。到底發生什麼事了？我家還好吧？待我下車查看這神祕生物，才發現竟然是大蟾蜍！

至今大約一年的時間裡，連一隻都沒看過的大蟾蜍，現在正以驚人的數量占據道路。連家裡的庭院和大門前也有一堆。到底發生什麼事了？我努力地避開蟾蜍進入玄關，慌慌張張地把門關上，整個人已經氣喘吁吁了。

「怎麼了？臉色都發青了！」老婆説。

「發生大事了！妳看外面！」

「啊～是這個嗎？」我看著老婆手指的方向，那妖怪般的蟾蜍正端坐在大塑膠箱中。

「這附近在不久前還是田地，所以蟾蜍都回來產卵了。孩子們都很高興地抓來養了。」

呼～原來是這麼回事啊……虧我剛剛還那樣心驚膽顫的呢！

好像妖怪一樣！

和大嘴巴不相稱地喜愛小蟲子。

擅長走路，不太有跳躍能力。

雨蛙

小小身體有大大的聲音和大大的嘴巴

飼養方法

不管是蝗蟲還是蜘蛛，什麼都吃的大胃王

塑膠箱底鋪滿水苔後，放入裝水容器。為了讓青蛙能安心地躲藏或活動，要種植小株的耐水觀葉植物（水耕栽培等）。鋪在箱底的水苔要保持用力擰過、有點乾燥的狀態，然後在裝水容器中放入非常潮濕的水苔。如此一來，就能讓青蛙輕易地將肚子貼附上面補充水分，而且做為飼料的蟋蟀也不會溺斃在水裡。

和身體不相稱的大嘴巴，能吃進大尺吋的食物喔！

利用指尖的吸盤，哪兒都爬得上去。

DATA

體長 約3cm
白天也經常見到的可愛青蛙。太陽出來時，會在草上將身體縮小，靜止不動以避免乾燥。

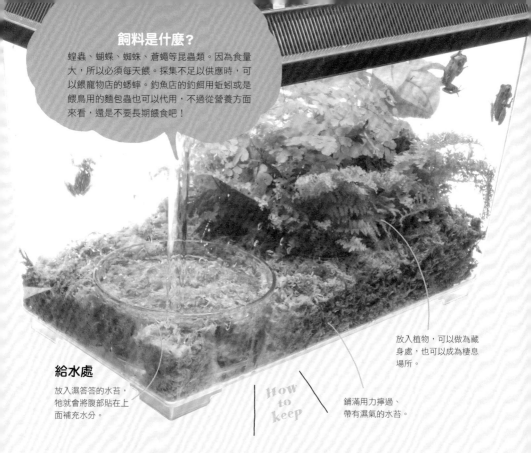

飼料是什麼？

蝗蟲、蝴蝶、蜘蛛、蒼蠅等昆蟲類。因為食量大，所以必須每天餵。採集不足以供應時，可以餵寵物店的蟋蟀。釣魚店的釣餌用蚯蚓或是餵鳥用的麵包蟲也可以代用，不過從營養方面來看，還是不要長期餵食吧！

放入植物，可以做為藏身處，也可以成為棲息場所。

給水處

放入濕答答的水苔，牠就會將腹部貼在上面補充水分。

How to keep

鋪滿用力擰過、帶有濕氣的水苔。

在　蟾蜍事件幾個月後的某個晚上，那天的我非常疲倦，回家後立刻像爛泥般睡死在客廳的沙發上。

大概過了幾個鐘頭的時間吧？

呱、呱、呱、呱、呱、呱、呱……

在距離很近的地方，好像有東西在叫。我馬上睜開眼睛，咦？沒有任何叫聲啊！是我睡迷糊了嗎？奇怪……

呱、呱、呱、呱、呱、呱、呱……

嗯？真的有什麼東西正在大聲叫著，應該不是我睡迷糊了。我把燈打開一看，又不叫了。我看看蟾蜍的方向，可是蟾蜍不會叫出那種聲音啊！會不會是什麼危險的動物跑進某個地方來了？我不安地拿出手電筒，正在客廳中察看時，老婆「砰！」地開門進來了。

「半夜窸窸窣窣地在幹嘛呀？吵死人了！」

「不是，是有什麼東西在叫啦！叫得很大聲，我怕會有危險，就起來找找看。」

「喔～是那個嗎？」她手指著放在窗戶外面的塑膠箱，「傍晚時，孩子們高高興興地把抓到的雨蛙帶回來，說這個也要養。」

喔～原來如此……嗯？這麼大的聲音，原來是從外面傳進來的。雨蛙那麼小一隻，竟然能發出這麼大的聲音。話說回來，我窸窸窣窣的不行，雨蛙叫那麼大聲就沒事，現在是怎樣……

43

蝌蚪

後腳會先長好！

變成青蛙時要小心避免溺水……

在塑膠箱中安裝投入式過濾器。和魚類一樣，要先將水去除氯氣。變成青蛙的時候，如果無法爬到陸地上，可能會溺水，所以要浮著布袋蓮之類的植物，讓他隨時都能爬上來。

飼料是什麼？

雖然也會吃水煮菠菜和柴魚片，但還是推薦薄片狀的金魚飼料。因為會浮在水面上，所以餵食時請讓飼料稍微沉入水中。

雨蛙的蝌蚪，眼睛分得很開、給人圓滾滾印象。

為了方便游泳，尾巴上有鰭。

後腳先長出來，接著才是前腳。

氣泵

要避免溺水！
腳長齊要上陸的時候，
為了避免溺水，可以先
讓布袋蓮浮著。

投入式過濾器

用玻璃滴管除去糞便
會產生大量糞便，所以不鋪砂礫，
經常用玻璃滴管或水管來清理吧！

45

爬蟲類專賣店老闆
山田先生的飼養方法！

啥!?
這種動物
也能養 篇

Profile

山田和久

爬蟲類專賣店老闆。擅長飼養兩生爬蟲類中體型龐大又危險的生物。個人的宗旨是，只要外面有在賣的生物，他的店裡全都有。

原本經營爬蟲類專賣店，

但因為有很多客人除了爬蟲類之外，

也很喜歡各種奇特的生物，

所以店裡也開始販售罕見的蟲子和猛禽類，

甚至是奇珍異獸等各式各樣的動物。

但是，任何生物的飼養都不容易。

有時就算認真照著飼養書上寫的方法去做卻還是不行。

因為每隻動物都是不同的個體，飼主也不一樣。

是野生的個體還是人工繁殖的個體，會有差異。

寵物店或是前飼主是如何飼養的，也會有差異。

放置飼養箱的房間是寒冷還是溫暖，也會有差異。

飼主是否有認真照顧，也會有差異。

所以這裡寫的內容僅是買回去飼養時會遇到的

基礎中的基礎，是最初級的基本事項。

若有疑問，還是找店員做飼養諮詢會比較好，

如此一來，才能針對適合該人和該動物的環境

仔細說明飼養方法。

而在動物的照顧上，也請不要獨自煩惱，

積極地向附近的寵物店等詢問吧！

雖然專賣店的老闆經常長得一副可怕的模樣，

家庭大賣場的寵物專區又好像不太可靠，

不過大家應該都會好好回答你的，

所以請不要害怕，試著詢問看看吧！

蠍子

育兒時會將孩子揹在身上！？

最近的寵物店都會販賣蠍子。之前一看到蠍子，老婆馬上說：「哇～真噁心。這種東西誰會買啊！？」我也只能在一旁點頭表示：「説的也是～」不過老實說，我從很久以前就超想養蠍子的，因為牠長得實在太帥了。

回想起來，小時候從電視上看到蠍子後，就已經迷戀上那機械般的黑色光澤，以及雄偉的大螯和豎立的毒針等等蠍子的一切了。

而且我最近才知道，那又黑又大、賣得很好的蠍子，毒性竟然是非常微弱的！

還是可以養的嘛……

接下來就只剩下要如何説服老婆大人了。

飼養方法

站在蠍子的角度來考量

塑膠箱中鋪上椰殼屑，放入樹皮等可以讓蠍子潛入的東西。雖然這樣會看不見蠍子，不過可以讓蠍子感到安心。總之還是希望飼主站在蠍子的角度來為牠考量。如果是溫暖的季節，這樣就足夠了；但是冬天時，必須在箱子下面放置電熱板，進行保溫，因此平常就要把零用錢存起來喔！

鑷子

抓的時候可以用手指捏住，不過用鑷子夾住毒針是最安全的！

慎重起見，還是要小心尾巴末端的毒針。

其實放在手上也沒關係。

※毒性強的種類就不能這樣做。

巨大的螯。被夾到會痛，不過幸好並不會太嚴重。

DATA

帝王蠍

體長　6～10cm
據說最大有超過30cm的個體，是世界最大的蠍子。

藏身處

放樹木或破掉的花盆等，可以讓蠍子潛入下方躲藏。

泥土種類是？

泥土使用蟋蟀飼養土或昆蟲飼養土等。

飼料是什麼？

大約每週餵食一次活體昆蟲（蟋蟀等）。如果蠍子不吃做為飼料的昆蟲就要立刻取出，不然可能會以意想不到的反擊危害到蠍子。

蠍子的育兒

蠍子會將孵化的寶寶揹在背上一段時間，加以保護。

大概有20隻左右吧？

看見這種情形，就會覺得真的不能用偏見來看動物呢……

白色的是小寶寶

有好幾天的時間都會很寶貝地養育喲！

大蘭多毒蛛

意外溫和，毒性也微弱！？

附近的寵物店裡有賣大蘭多毒蛛。講到大蘭多毒蛛，不管是名字、外貌還是牠進食的模樣，都性感得不得了，光是看著就讓我興奮到打顫。每當我一個人來到大蘭多毒蛛前，就離不開了。

不過嘛～終究還是不適合飼養吧……因為一旦開始養，好像就應該把各種蜘蛛種類都收集齊全才甘心。

老公好像比較喜歡隔壁的蠍子，不過我絕對是大蘭多毒蛛派，所以就有點壞心眼地說：「蠍子很噁心，誰會買這個呀？」沒想到他竟然回答：「說的也是～」（笑）。直接說想養不就好了，是吧？

DATA

智利紅玫瑰蜘蛛
體長　大如手掌（腳伸開來大約10cm）
這是棲息在南美的大蘭多毒蛛。性格溫和，毒性不太強。

放在手上，出乎意料地乖巧呢！

※雖說如此，被咬還是會腫起來；雖然毒性較弱，還是有過敏體質的人因而死亡的案例，請特別小心！

會踢毛。有些人會引發搔癢。

有巨大的獠牙，要小心哦！

流木是藏身處

放入流木等，就可以讓蜘蛛在空間中四處活動，也可以成為藏身處。

淺的裝水容器

泥土的種類

使用蟋蟀飼養土或昆蟲飼養土。

How to keep

飼料是什麼？

請採集活體昆蟲，或在寵物店中尋找有販售餵食用蟋蟀的店家，大約每週餵食一次，視情況調整。因為他在溫暖的季節裡會吃很多，寒冷時則不進食。

飼養方法

蓋子鬆脫會有危險！？

由於大蘭多毒蛛會上下左右地活動，所以要用蓋子可緊閉的塑膠箱來飼養。也可以鋪滿椰殼土，再放入裝水容器和可讓他四處活動的流木。基本上只要這樣就足以飼養了，只不過和蠍子一樣，冬天時須在飼養箱底部使用電熱板。

傘蜥蜴

雖然已經不流行了，依然有人飼養！

40 歲以上的人都知道傘蜥蜴。在某汽車廣告的帶頭下，讓傘蜥蜴迅速爆紅。

我也使用過牠的鐵製鉛筆盒哦！雖然流行結束了，但我還是非常愛用哩～後來有傳聞說因為電視拍攝的關係，要求傘蜥蜴必須要用兩隻腳行走，導致許多傘蜥蜴因而死亡，這股熱潮也就漸漸降溫了……

就連牠剛引進日本時，活生生出現在宣傳活動時，也在電視新聞看到了大陣仗。

傘蜥蜴在當時是連做夢都沒想過可以養的動物，所以就算長大成人也沒見過活生生的傘蜥蜴，萬萬沒想到在無意間走進的寵物店裡，竟然能如此近距離地接近這嚮往已久的動物！而且牠還突然嚇一跳地對緊盯不放的我展開斗篷……

哇！真的是傘蜥蜴耶～而且也不是買不起的價錢……

飼料是什麼？

以蟋蟀或超級麵包蟲為主，也可以捕捉蝗蟲給牠。蝗蟲請在荒蕪的河灘或未經整理的草叢裡捕捉，避免餵食在公園或田地之類可能噴灑殺蟲劑的地方捕捉到的蝗蟲。因為殺蟲劑可能也會對傘蜥蜴產生影響。

紫外線燈

保溫燈泡
連接控溫器，
保持在28度左右。

How
to
keep

也是休息區
流木可讓牠停在上面休息，
也可以做為暖身的熱區。

裝水容器
雖然很少從裝水容器中飲水，
還是必須設置。

大大的嘴巴裡面並排著細細的牙齒，被咬到會有撕裂傷，須小心。

DATA

全長 70～90cm
棲息於澳洲和新幾內亞。其實飼養後只要習慣人類，就不會展開斗篷。

等彼此熟悉後
就不會展開斗篷了……

一生氣就會展開斗篷。

飼養方法

不太會喝水！每天都要讓牠喝水

在爬蟲類飼養箱中設置紫外線燈、保溫燈泡、電熱板、裝水容器、棲木等。只要有這些設備就可以開始飼養了。比起傘蜥蜴本身，器具的花費還比較高，只不過若不好好投資這些基本設備，就沒辦法長久飼養。保溫燈泡要連接控溫器，設定在28度左右。紫外線燈可以在早上開燈，傍晚關燈。

變色龍

仔細看臉還滿可愛的！

可以看到身體的顏色變化！？

身體的顏色
會依狀況
而稍有變化。

可以東看西看
的靈活眼睛。

尾巴和四肢都是
適合在樹上行走
的形狀。

DATA

高冠變色龍
頭體長　25cm
一般人往往認為變色龍
會和周圍的顏色同化，
但其實牠們的體色並不
會有太大的變化。

你 說的變色龍，是那個變色龍嗎？

沒錯沒錯，就是那個變色龍。

什麼？你是說你有養那個變色龍？

是啊！我有養那個變色龍。

為什麼要養？

因為很可愛啊！

變色龍什麼的，根本不可能買到吧？

不不不，一般的寵物店就有賣了。

啊？你為什麼要說謊呢？

不不不，我沒有在說謊。

咦？你說說變色龍，是那個變色龍嗎？

剛剛不是說了嗎？就是那個變色龍。

大家都知道會變色的那個。

沒錯沒錯，就是因為這樣所以大家都知道。

大家都知道舌頭會咻地伸長的那個？

沒錯沒錯，會伸得很長。

以前在筆上還是哪個廣告上有出現的那個變色龍？

哎呀！那我就不知道了……

紫外線燈
白天要打開紫外線燈。

保溫燈泡
連接控溫器使用。

自製的籠子,
使用的是百元商店的烤肉網

攀爬的場所
變色龍具有樹棲的特性,所以要配置觀葉植物,讓牠容易活動。

托盤
也可以鋪上報紙等來防止髒汙。

組合烤肉網做成的自製籠子。可以直接拿出去做日光浴。

飼養方法

水要用玻璃滴管送到牠嘴邊

最好能使用爬蟲類專用的籠子,不過因為還挺貴的,而且變色龍並沒有撬開籠子出去的力量,所以使用百元商店買來的烤肉網和紮線帶製成的飼養箱就足以飼養了。大型變色龍也可以使用鳥籠。不過小型變色龍使用鳥籠的話會逃出去,所以這種自製的籠子最適合了!

紫外線燈和保溫燈泡在室內飼養上是必需用品,還要放入可供棲息或躲藏的觀葉植物。就算將水裝入盤子裡牠也不會去飲用,所以一天要對觀葉植物噴水數次,或是用玻璃滴管在牠嘴邊滴水。雖然也有自動滴水的用具,不過使用噴霧器或是玻璃滴管進行的話能夠每天觀察,這樣比較好。自製籠子或鳥籠的便利性,在於白天可以拿到外面,讓牠進行日光浴。因為變色龍需要照射充足的紫外線。

只不過,在陽光猛烈的照射下可能會晒乾,所以需用簾子創造出適度的遮陰處。

飼料是什麼?
以寵物店的餵食用蟋蟀為主,也可以餵食庭院採集到的各種昆蟲。

晒太陽時也要有簾子哦!

晒太陽時也需要有遮陰處,所以別忘了要使用簾子。

陸龜

最愛蒲公英，熟悉後可以一起散步

不好意思，我想要陸龜，請問有賣嗎？

陸龜有各種不同的種類，你是要什麼陸龜呢？

嗯……就是昨天電視上出現的，那種大到可以坐在牠背上的傢伙。

難不成你是說象龜？

沒錯沒錯！嗯……我記得是叫加拉巴哥象龜！

喔～這樣啊！不過我們店裡沒有加拉巴哥象龜喔！

那可以預訂嗎？錢的話不是問題。

不是，這個沒有辦法預訂。如果錢沒有問題的話，亞達伯拉象龜可以嗎？

可是那個我又沒看過，還是加拉巴哥象龜……

我想，一般人的感覺就像這樣吧！雖然這種對象龜渴望的心情我也非常了解（笑）。

飼料是什麼？

在黃麻菜或小松菜等蔬菜和陸龜專用飼料上撒滿鈣粉做成飼料。鈣粉也可以不用每次都混合。

去散步吧！

外面有各色各樣的草可以吃！其中最喜歡的是蒲公英。

DATA

龜殼長　15～100cm
陸龜有龜殼長約12cm的小型種，也有像蘇卡達象龜或紅腿象龜般龜殼長超過70cm的大型種，種類五花八門。

56

就像洗衣晒衣般，晚上就要帶回室內！

基本上，要在爬蟲類專用的飼養箱中鋪上椰殼土等，設置藏身處和飲水容器，再加上紫外線燈、保溫燈泡和控溫器，就可以飼養任何店家販售的陸龜了。

還有，在氣溫未超過20度的時期，養在外面看起來也很可愛。以園藝用的隔間板圍住四方，設置可遮陰的小屋和飲水處。為了避免飲水容器被翻倒，可用磚塊固定。不管是為了溫暖身體還是為了健康，紫外線都是必需品，不過絕對不能一整天都待在火辣的陽光下，所以必須有過熱時可以躲避的遮陰處。夜晚因為有突然降溫或是被貓攻擊的危險性，一定要帶進入室內。差不多就跟洗衣晒衣的感覺一樣吧！

圍籬中只需設置小屋和較大的裝水容器。可能會挖洞逃走，須注意。

在外面飼養較健康！

How to keep

控溫器
連接到保溫燈泡上，調節溫度。

熱區
為了提高活動性，要用燈泡照射在岩石上，形成高溫的場所，讓烏龜可以自行判斷前去溫暖身體。

保溫燈泡
連接控溫器，用於整體的保溫上。

藏身處
晚上會在暗處睡覺。

溫度濕度計
自己飼養的活體，一定要早、午、晚測量飼養溫度。

只要幾年的時間，龜殼長度就會超過40cm，如果想飼養的話，**請務必考慮清楚！**

豹紋守宮

色彩變化多！人氣急速上升中

How to keep

藏身處
白天幾乎都會躲著。

會拋媚眼喔？

有 某個藝人在電視上說：「我正在飼養豹·紋·守·宮。」那到底是什麼動物？坐在咖啡店中，隔壁的女孩熱烈地討論：「豹紋·守宮好可愛哦！」嗯？這也是相同名字的動物吧！所以牠的名字到底叫做什麼？

我妹妹也開始飼養豹紋守宮了。喔喔！這就是那個豹紋守宮嗎？終於記住名字了。豹紋守宮。然後……我也決定飼養豹紋守宮了。豹紋守宮正在大流行哪！

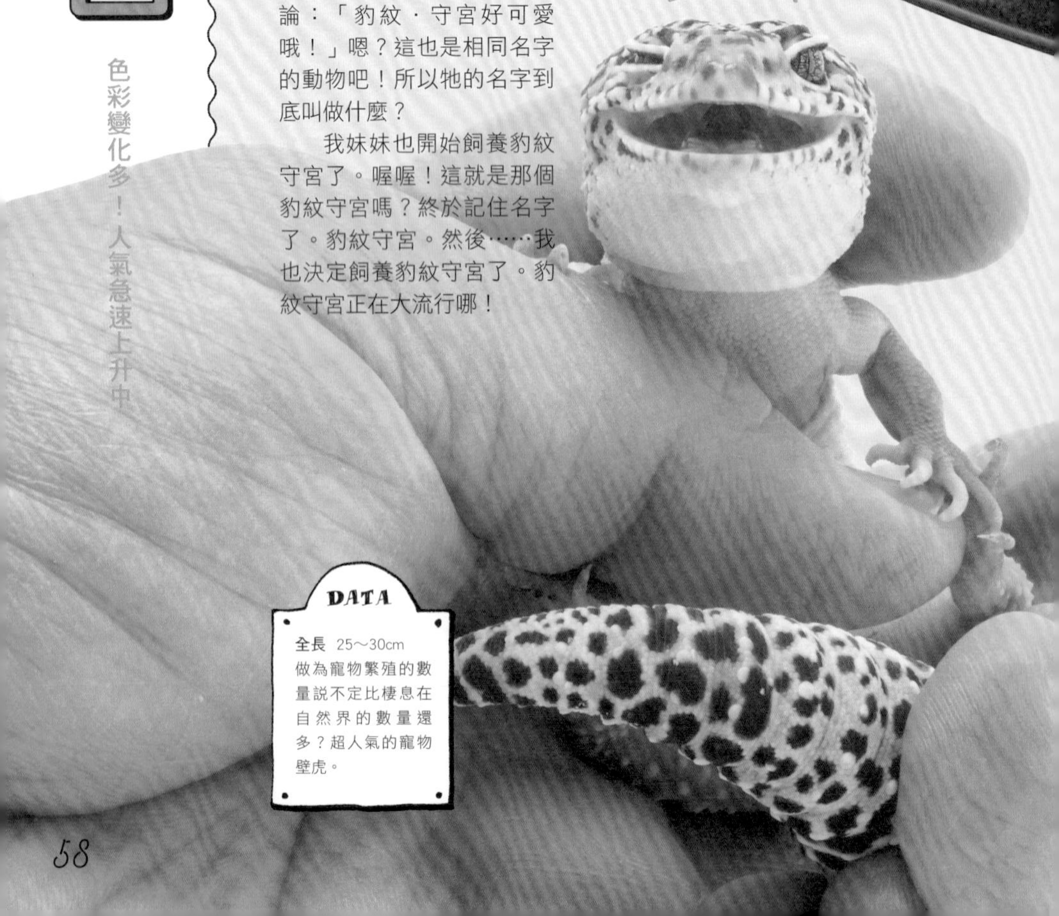

DATA

全長 25～30cm
做為寵物繁殖的數量說不定比棲息在自然界的數量還多？超人氣的寵物壁虎。

電熱板
寒冷期間的必備物品。

飼養方法

夜行性的一匹狼！

只會在平面活動，所以要準備面積稍微寬廣的塑膠箱，鋪滿木屑，好方便牠行走。放置藏身處和飲水容器後，在塑膠箱下面設置電熱板，飼養準備就完成了。因為屬於夜行性，不太需要紫外線，所以不用設置紫外線燈。因為在一起會打架，所以基本上是單隻飼養。

裝水容器
用稍淺一點的裝水容器，以免做為飼料的蟋蟀溺斃。

飼料是什麼？
以蟋蟀或超級麵包蟲為主，偶爾也可以給予採集來的蝗蟲等。

有各種顏色變化，
可以選擇自己喜愛的。

如果營養狀態好，
尾巴就會變得又粗
又有彈性。

🔍 仔細看，有漂亮的眼睛哦！

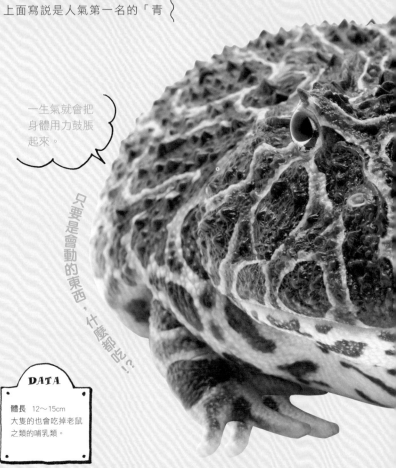

鐘角蛙

蛙界之王！會將老鼠整隻吞下

寵 物店裡有個小水族箱。這個水族箱裡有什麼呢？什麼都沒看到哪～把臉湊近一看，好像有東西坐著呢！

之前應該是躲藏在砂礫之中吧！

因為完全沒注意到，被嚇一跳的我不由得大聲「哇！」了出來，成為四周側目的焦點……

讓我沒面子的這隻動物，正張開牠的血盆大口，舌頭緊緊地黏在玻璃上看著我。看樣子應該也不是想親我……難不成是想吃了我？

名字好像是叫做鐘角蛙。上面寫說是人氣第一名的「青蛙」，真的假的？到目前為止，我還沒遇過飼養這種動物的人哩！看到這個情況的店員面露不懷好意的笑容向我走了過來。

「牠很喜歡你哦～只要是會動的東西，牠什麼都想吃呢～」

我當下一聲不響地離開了現場。這店員真是讓人火大。

不過，我實在是對牠非常非常有興趣啊！那隻好像只長了一張嘴的青蛙。喔喔～原來是這樣！原來大家就是因為這樣才會對牠著迷啊。我可不會這樣就上當，我才不會養牠的哦……

一生氣就會把身體用力鼓脹起來。

只要是會動的東西，什麼都吃！？

DATA

體長　12～15cm
大隻的也會吃掉老鼠之類的哺乳類。

應對寒冷的策略

寒冷的時期,要在塑膠箱的下面鋪上電熱板。

How to keep

飼養方法

只需要淺淺的水就好!

只要在塑膠箱中裝入淺水,放入青蛙即可。寒冷的時期必須在下面鋪上電熱板。

如果有排便,就要換水。雖然加入砂礫可以讓牠將身體潛入一半躲藏,可是經常會發生餵食時不慎將砂礫吞下去,造成腹中堆積砂礫的情況。由於無法自行排出砂礫,只能靠獸醫師動手術解決。建議飼養時不要加入砂礫。用睡蓮的水缸之類的也可以飼養哦!

飼料是老鼠?

飼料是金魚和稱為乳鼠的老鼠寶寶。乳鼠是冷凍的,可以在專門店買到,最近也可以在家庭大賣場的寵物店裡買到。只要用鑷子夾住,放在鐘角蛙面前,牠就會張開大口整個吞下去。

非常簡單……用睡蓮缸也可以飼養!

臉部幾乎就是一張大嘴巴,看到任何會動的東西就會撲過去。

六角恐龍

幫牠取日文名字的是日本首相

投入式過濾器
不喜歡強勁的水流。

由前首相福田
赳夫命名。

露出外面的鰓
很受人喜愛。

六角恐龍在以前是非常流行的動物。各位讀者的年紀也知道六角恐龍嗎？

是啊～不知道大家還記得嗎？就連文具之類的都還有印上牠可愛的插圖不是嗎？我姊還有用過牠的鉛筆盒什麼的。而且我爸媽還養過好幾隻不同顏色的。不過似乎很難養，一下子就死掉了。簡直是笨到家，那種東西怎麼可能隨隨便便就養得活！再說又不可愛，真不知道養那種東西的人腦子裡在想些什麼——我記得我當時是這麼說的。

不過老實說，現在我們家正養著這個不知道算不算可愛的六角恐龍……聽說是附近水族館繁殖的，小孩子的學校就飼養了。然後，現在不是放暑假嗎？所以老師就問暑假期間有沒有人要帶回去飼養。你也知道，我們家兒子不是很喜歡動物嗎？似乎是感受到全班「就是你了」的眼神，只好舉手了。話說回來，他也不是不喜歡，當然，就算死掉也不用負責，而且聽說即使暑假結束也還可以繼續飼養，只不過，我們家原本計畫這個暑假要去夏威夷旅行的。因為本來不確定工作上能不能請假，所以沒先讓他知道，還是有薪假哩！所以，可不

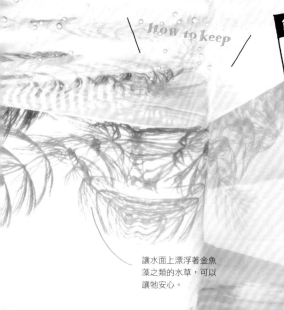

讓水面上漂浮著金魚藻之類的水草，可以讓牠安心。

不鋪砂礫。

夏天要養在
有冷氣的客廳

在稍大的水族箱或塑膠箱中放進投入式過濾器。不鋪砂礫，因為萬一受傷的話很容易引發水黴病，而且也比較容易保持清潔，糞便最好用玻璃滴管盡速去除。讓水面上漂浮著浮萍或是金魚藻之類的水草，或許能讓牠感到安穩。所以就算只是放安心也好，還是放一些水草吧！

水溫基本上是室溫即可，只不過夏天會太熱，最好放在有空調的客廳中。如果無法這樣做，最好找出家裡最涼爽的地方，放在那裡飼養。反之，冬天是稍微溫暖一點會比較好，所以還是客廳最適合吧！

飼料是什麼？

每天餵食碎魚肉或是金魚之類。不吃的食餌請立即清除掉。

蠑螈的寶寶
也長得像六角恐龍

可以拜託你幫忙照顧一下？哎呀～雖然會買這種東西的人腦子裡不知道在想些什麼，不過只要2個禮拜就好～

　　欸……啊～這樣啊……這下真是失禮了。那就請你務必……

紅腹蠑螈的寶寶看起來就像六角恐龍一樣！因為小時候生活在水中，所以側臉有叢生的外鰓。可是長大後會爬上陸地，所以就會變成沒有外鰓的這個樣子了。

63

約如排球般大小！

啥！？這種動物也能養

雪鴞

從魔法學校跑出來的！?

在　看過那部跟魔法學校有關的電影後，我就妄想要有那樣的工作夥伴，如果能夠飼養該有多好啊！但我一直認為那是在動物園裡才能看到的，不是能夠養在家裡的。然後最近不是很流行猛禽類的咖啡店嗎？我本來想說「哦～原來貓頭鷹也是可以養在家裡的啊～可是，應該不會有雪鴞吧！」結果半信半疑前去一看，哇！竟然還真的有……

DATA

全長　50～60cm
雪鴞就是不耐熱！夏天要為雪鴞大人開空調喔！

64

貓頭鷹的同伴們

縱紋腹小鴞

倉鴞

白臉角鴞

長耳鴞

詳細方法就不寫了！

飼養猛禽類要有相當的覺悟。不僅價格高昂，也無法用鳥籠飼養，還得和飼主心靈相通才行，並不是想養就能養的。

所以在這裡就不詳細書寫了。真的想養的人請到店裡，和店家詳細諮詢後，做好覺悟再來購買吧！

養了就要負責到最後！

撿到貓頭鷹的寶寶時該怎麼辦？

有時會聽到哪裡有貓頭鷹寶寶掉下來之類的事情。基本上，雛鳥是不能撿拾的。有時只是離巢時沒飛好，不小心從樹上掉下來，附近還是有親鳥在守護，而且有些雛鳥光是被人碰觸就會陷入休克狀態。

萬一真的受傷需要保護的時候，還是務必要和管轄的相關單位聯絡。如果不知道該聯絡哪裡才好，只要詢問附近的警察應該就會知道了。如果要加以保護，可以在限定的期間內保護飼養。但是過了期間就有野放的義務。若是因為傷處尚未治癒等理由而無法野放時，必須提出申報。

還有，將保護的動物帶往獸醫院時，所有的費用必須由攜帶者負擔。有很多人都自以為做了好事，放著就不管了，或是一聽到要收錢就滿腹牢騷，或是明明人都不見了，幾天後卻又跑來說要關心情況的，這些可都是違反規則的哦！

65

假如遇見，這些動物該怎麼辦？

How to keep

鐮鼬

（日本傳說中的妖怪）

飼料是什麼？

先給牠雪貂飼料看看，如果不吃的話，就試著餵食爬蟲類專賣店販售的餵食用雛雞或老鼠等。牠說不定就會想吃。餵食各種不同的飼料，如果牠真的都不吃的話，就要趕快放棄飼養，在牠身體變虛弱前，快快放生到牠原來待著的場所吧！

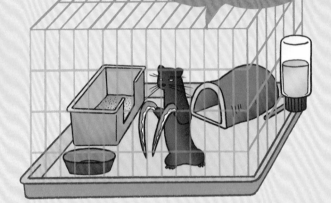

伴 隨著突來的一陣風，好像有什麼東西橫穿而過！？就在這麼想的瞬間，身上突然出現被利刃劃過般的割傷！像這樣的事情經常發生吧！眾所皆知這就是鐮鼬的傑作。

只不過，從來沒有人真真確確看到過鐮鼬。因為牠實在太快了，一定是這樣沒錯。但是，不管是速度多麼快的動物，還是有掉以輕心的時候。

在森林小徑散步，竟然發現被車子輾傷的鐮鼬！心想「這是什麼動物的巢穴？」而探頭一看，沒想到洞穴裡有鐮鼬正在睡覺！像這樣的偶然也未必不會發生，所以我外出時總是會穿著芳綸纖維的長靴，並隨身攜帶耐切割的手套。

我猜牠的鐮刀大概是由體毛或爪子特化而成的吧，若是套上連刀刃都不容易割破的手套，一旦遇上時，應該就能手到擒來了吧！

飼養方法

尚未究明牠的動作如何

鐮鼬雖然擅長切割，但總不至於連金屬都切得斷吧！所以使用小動物用的堅固籠子應該就能飼養了。

其他的就用雪貂的飼養方法來試試看吧！設置飲水瓶和飼料盒、樹脂製的堅固藏身小屋。雪貂喜歡的布製吊床會被鐮刀割破，所以就不用設置了。

一般認為鐮鼬是非常怕熱的，所以飼養箱請放置在日照不會太強、通風良好的地方。在風大的日子裡，連同籠子一起搬到外面，或許能讓牠開心，但因為不知道牠會做出什麼樣的動作，可能會發生危險，所以還是要有所節制。

在 日本，最有名的蛇就是「槌蛇」了。牠肥肥短短的模樣深具魅力，也有很多熱情的粉絲。在各地的森林等都有目擊案例，說牠是幻想生物中最有可能遇到的生物也非言過其實。

我總是將日本手巾製的捕蛇袋放在車上，以便隨時與牠不期而遇。沒有捕蛇袋的人也可以用洗衣袋等代替，不過牠可能會從拉鏈處逃出去，所以抓住後要緊緊地固定，讓牠的身體無法動彈，然後用橡皮筋牢牢束住袋口。還有，洗衣袋的網眼粗糙，可能會摩擦鼻子造成受傷，所以必須儘速移至塑膠箱等。

也有一說認為槌蛇是毒蛇，所以要避免直接用手捉牠。一般捉蛇會使用蛇鉤或是捕蛇鉗等，但是因為槌蛇的身體又粗又短，勾不上去，所以並不適合。還是先用蛇鉤壓制頭部後，再戴上克維拉纖維手套或是皮手套，用手捕捉吧！

飼養方法

可能是毒蛇

飼養上首先必須注意的是，牠可能是毒蛇。飼養時可能必須要有各縣市的許可，所以必須先帶往研究機關進行調查。

如果是毒蛇，請詢問住家地區的政府機關，依照指示進行登錄。飼養毒蛇的設備也會依地區而有不同的標準，所以請依照該地區的規定，準備飼養箱。

如果已經消除毒蛇的疑慮，可以進行飼養的話，請使用蓋子可以緊閉的爬蟲類專用飼養箱。為了小心起見，前面的拉門也請上鎖。因為蛇類可是脫逃高手呢！

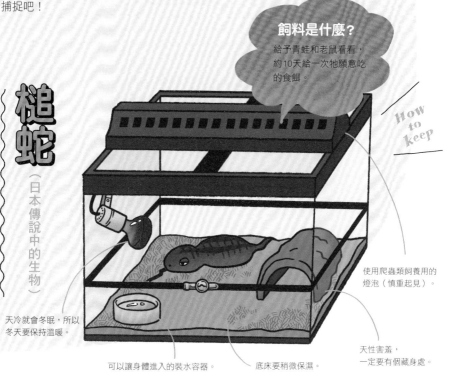

槌蛇
（日本傳說中的生物）

飼料是什麼？
給予青蛙和老鼠看看，約10天給一次牠願意吃的食餌。

How to keep

天冷就會冬眠，所以冬天要保持溫暖。

可以讓身體進入的裝水容器。

底床要稍微保濕。

使用爬蟲類飼養用的燈泡（慎重起見）。

天性害羞，一定要有個藏身處。

3

突然來到
家中的動物 篇

Profile

辻 晴仁　森滝丈也　高村直人

鳥羽水族館飼養研究部。
身為「奇特動物研究所」的飼養負責
人，是在形形色色的動物飼養上有深
厚造詣的專業三人組。

水族館中飼育、展示著形形色色的動物，

其中不容易飼養的動物也很多。

要怎麼做才能長久飼養這些動物

給大家觀賞呢？

還有，能不能儘量繁殖更多的動物，

代代飼養，讓大家看到牠們的情況呢？

飼養的工作並非只是讓動物供人觀賞而已，

還有很多日子在進行這些研究。

而另一個極為重要的工作，

則是要傳遞動物的美好和大自然的珍貴，

所以也會誠懇地回答大家的各種問題。

內容大多是關於展示中的動物，

或是偶然捕捉到的動物等，

但其中也有在看過展示之後，

對飼養產生興趣，

而詢問關於動物們的飼養方法的提問。

年末送禮、外食、散步途中……

在各種場合中偶然遇到的魚貝類，

你是否有過被牠不可思議的魅力吸引，

不由得產生「想要養養看」的念頭呢？

這時所需的一些知識和要領，

就讓我們這些專家來告訴你吧！

龍蝦

在吃掉之前先把牠養大!?

年末有人送了看起來很美味的龍蝦到我家。活蹦亂跳的,看了會想養也無可厚非吧!

這不是偶然,而是必然!但是要怎麼做才能讓大家答應我的無理請求,好讓我飼養這奢侈品呢?就在我還在思考如何說服大家的說詞時,媽媽和姊姊對美味料理的妄想不斷擴大。這可糟了!一時心急的我脫口而出:「可以給我1隻嗎?」結果當然收到嚴苛的反應:「啊!?為什麼?」「我們家4個人卻只有3隻而已,為什麼你要1隻?」這下只好坦白哀求了:「因為

我想養這隻龍蝦嘛……」媽媽和姊姊更是激烈反對:「你在耍笨嗎!?」此話一出,正當快要拍板定案時,爸爸突然說:「嗯~好像很有趣,而且這龍蝦這麼健康,就養養看吧?」

「那麼,剩下的2隻就我們吃囉!」於是多分到一些的媽媽和姊姊,也就沒有再反對了。

成功拿到1隻囉~謝啦老爸。這種時候就要直接動之以情,或是在交涉時先讓對方知道他會有什麼好處!當然,找一個強而有力的靠山也是非常重要的(笑)。

DATA

全長 約30cm
棲息於淺海的岩礁處,白天會躲藏在礁岩的隙縫中。

尾巴的力道
很強。

抓法

因為身上都是棘刺,如果隨便拿住的話反而會吃苦頭。若是活蹦亂跳的健康龍蝦,想要壓制牠也很困難。請緊緊地壓住殼的兩側。

裝在木屑中送來

取得

年末送禮時的龍蝦大多
是埋在木屑中送來的。
現在的運輸作業都做得
很好，在送達時依然能
夠活蹦亂跳的，但也有
些業者的做法是使用
海水加裝打氣裝置來運
送。如果是以飼養為目
的的話，以這個方法取
得是最好的！

加裝打氣裝置送來

以這個狀態
送來比較好！

腳經常會在運送途中
斷掉，但這對飼養不
成問題。

飼養方法

先到寵物店走一趟！

有了飼養的許可後，接下來就要和時間賽跑了！不要隨便玩弄龍蝦，連同木屑一起先放在涼爽的地方，然後立刻趕往寵物店。要準備的東西有人工海水和針對海水使用的簡易飼養水族箱組。還有可供躲藏的物品和鋪在下面的砂礫。買好這些東西後，趕快回家，依照比例調好人工海水，設置好水族箱，打開過濾器。過濾器要先運轉一段時間，讓水質穩定，趁此期間布置砂礫和藏身處，然後放入龍蝦即可！

觀察

從嘴巴周圍就知道健不健康

如果放進去後會很活潑地四處活動，大致就沒問題了。但若是動也不動的話，請仔細觀察嘴巴四周，看看是不是有在動。如果全身上下都沒有地方在動的話，建議你立刻取出，馬上煮來吃掉。因為不能讓牠白白死掉，所以應該要好好吃掉牠。如果只有嘴巴在動，好像還活著的樣子，接下來就要有徹夜守候的覺悟。如果活潑地動起來了，大約2天後就可以試著餵食。要是牠沒有反應，請將吃剩的飼料撈出，不可一直放在裡面。就這樣每天嘗試數次，等牠開始吃飼料後，就是可以飼養的信號了。

How to keep

岩石

放入可做為藏身處的大塊岩石。

龍蝦喜歡躲藏，因此都會躲在石頭後面。

飼料是什麼？

切碎的魚肉或是剝出的蛤蜊肉，偶爾也可以餵食丁香魚等整隻的小魚。連同骨頭一起餵食，可以讓牠攝取到形成蝦殼所需的鈣質。

看過來

因為會長大，所以必須配合成長換成大的水族箱。雖然不太會有逃出的情況，不過一受到驚嚇就會跳動，所以請別嚇到牠。加熱器等器具可能被咬壞，不妨使用市面販售的加熱器保護套等。

過濾器

使用外掛式的過濾器,以便有效利用水族箱中的空間。

飼養的溫度如何?

室溫就可以了,不過夏天要放置在涼爽處,小心水溫過度上升。冬天龍蝦的動作會變得遲鈍,或是不吃飼料,所以要安裝飼養用的加熱器和控溫器,將水溫調整在20度左右。

砂礫

鋪上砂礫以便龍蝦行走。

龍蝦 只要運送狀態良好,很快就會活潑地動來動去,一發現有躲藏處就會躲起來。如果不太活動也不躲起來,一直持續沒有活力的樣子……

：

還是早點吃掉會比較好吧!

下一頁有美味的食譜喔!

沒有活力的話就把牠吃掉吧！
美味的龍蝦料理

想養的動物，未必全都能養得好。原本做為食用而流通於市面的魚貝類，其狀態大多不適合飼養，所以只要覺得牠的身體變虛弱了，就應該在牠死掉之前美味地享用。
因為這樣做，才不會白白浪費生命！

味噌焗烤龍蝦

將龍蝦對半切開，撒上少許胡椒鹽後，製作白醬。淋上以蛋黃、白味噌、柚子胡椒做成的醬汁後，用烤箱烤熟，再附上院子裡摘來的茴香即可。

美乃滋炒龍蝦

將水煮過的龍蝦去殼，用蝦殼熬煮高湯，再用高湯和味噌、美乃滋拌炒龍蝦和蘆筍。

龍蝦風味的米粒麵

將櫛瓜和洋蔥、米狀的義大利麵「risoni」用龍蝦高湯煮10分鐘左右，待米粒麵充分吸收味道後，收乾水分，混合橄欖油和帕馬森起司，烤至顏色焦黃為止。

檸檬奶油扇蝦義大利麵

將大蒜、蘆筍、甜椒、培根和扇蝦一起拌炒，用苦艾酒焰燒。最後加入法式清湯、鮮奶油、帕馬森起司、胡椒粉和羅勒，擠上檸檬汁。

不管送來的是 **蟬蝦**

還是 **扇蝦**

都可以飼養哦！

突然來到家中
的動物

蛤蜊

超市買來的也可以飼養哦！

今天女朋友要來家裡玩，就來做我拿手的義大利麵吧～興高采烈地去超市採購時，喔！發現新鮮的蛤蜊！那就來做白酒蛤蜊義大利麵吧！不然簡單地用白酒蒸煮也同樣美味。好！就買這個了！

接下來，得先讓蛤蜊吐沙。將鹽巴溶在水中，做成有點鹹的鹽水後，放入買回來的蛤蜊。不久後蛤蜊就咻～咻～地開始噴水了。「說起來，我還沒仔細觀察過牠們噴水的樣子哩！」於是就悄悄地偷看一下。

啊～竟然被我看到了！我只是把鹽溶入水中，隨便做出鹽水而已，牠們竟然精力充沛地活著……還伸出了像舌頭又像眼睛一樣的東西，實在有點噁心～不過，是活著的呀！這不是很值得一養嗎？不不不，蛤蜊隨時都買得到，現在不急，為了我那正在期待義大利麵的女朋友……

DATA

體長 最大7cm，大多為3～5cm左右
棲息於鹽分低的沙子或海水泥土中，水深低於5公尺的場所。春天時最為肥美好吃。

用托盤販售的
普通蛤蜊！

還活著喲！

儘量挑選沒有
打開的。

76

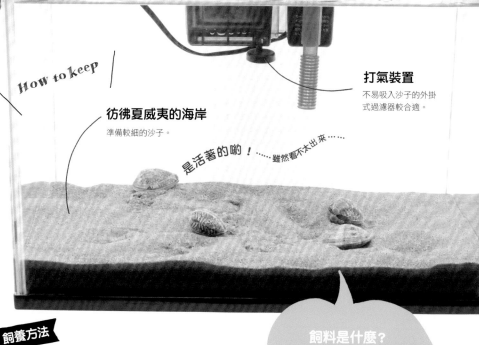

How to keep

彷彿夏威夷的海岸
準備較細的沙子。

打氣裝置
不易吸入沙子的外掛式過濾器較合適。

是活著的喲！……雖然看不太出來……

飼養方法

春天的蛤蜊很美味！

買好水族箱設備後，因為覺得蛤蜊也要買新鮮的比較好，所以今天就順便來做個義大利麵如何？先把這個額外的提議放到一邊，在購入蛤蜊前還是要先設置好水族箱才行。準備人工海水、海水用的飼養水族箱套組，以及較細一點的沙子。先將人工海水依照分量調配好後，運轉過濾器，放入4～6cm左右的充分洗淨的沙子，以便讓蛤蜊能夠潛入，就這樣運轉一晚。待水質變清澈後再放入蛤蜊。

飼料是什麼？

將金魚飼料等磨成粉狀後溶入水中即可。在晚上天黑之前將飼料投入水族箱，然後先讓過濾器暫時停止運轉，只使用打氣裝置。如果第二天早上蛤蜊已經吸入飼料，水變清澈的話，就再度運轉過濾器。一週餵食一次即可。餵食的量會因蛤蜊吸入多少而有不同，所以請仔細觀察。

Asari Cooking

要美味地享用喔！

美味的蛤蜊料理

女朋友吵著要吃義大利麵的時候，或是在超市買回來的蛤蜊狀態不是很好的時候，就立刻把牠吃掉吧！

蛤蜊竹筍義大利麵

將蛤蜊和竹筍用白酒悶煮，然後加入煮熟的義大利麵和小番茄迅速翻炒一下，以鴨兒芹做裝飾即可。

白酒煮青豆蛤蜊

用奶油迅速炒過蒜末和薑末，放入青豆和蛤蜊，用白酒悶煮後，再加入奶油，以胡椒和鹽調味，放上蒔蘿做裝飾即可。

竹筴魚・蠑螺

連在水槽裡游動的活魚都可以當寵物！

運送方法很重要！

今天全家一起到日本料理店吃新鮮的魚！

喔喔！入口有個好大的水族箱，裡面有魚正在游著。有竹筴魚也有蠑螺，看起來都好好吃！我們被帶到裡面的和室，全家都在看菜單時，咦？吵著要吃壽司而且非常期待的兒子怎麼不見了？

「去洗手間了嗎？」一邊想著一邊找人時，發現兒子正盯著水族箱裡悠游的竹筴魚。

我悄悄走近對他說：「看起來好好吃哦！」他回答：「嗯！看起來好好吃……」

「不過，比起吃牠，我更想在家裡養牠。」兒子說。

啊啊～為了可愛的兒子，這個也不是不能養吧……

海水要使用人工海水，或是請日本料理店連同魚一起多分些海水給你。水族箱要使用針對海水用的水族箱套組。首先要準備海水，讓過濾器運轉。砂礫等最好還是不鋪比較好。搬運魚的時候，可向店家商借市場送貨到店家時使用的保麗龍箱和塑膠袋，放進魚和海水後，連同空氣一起用橡皮筋將塑膠袋口束緊，運送時要小心水溫上升。

※搬運時，如果需要向店家分些海水的話，請和店家好好地商量。

外掛式過濾器

飼料是什麼？

竹筴魚是吃魚肉末或把蝦子乾燥後稱為「krill」的魚飼料，請每天餵食。蠑螺是吃海藻的，不妨放入市面上販售的昆布，觀察一下情況。在水族館裡，牠是清道夫，會吃水族箱上生長的藻類等，所以不會餵這裡說的飼料。

DATA

竹筴魚
體長　全長約30cm
雖然整年都有，不過春天到夏天是當季。

蠑螺
體長　殼的大小約10cm
整年都買得到，不過春天姑且算是當季。

空蕩蕩的？
水族箱中不放入多餘的東西。

How to keep

使用海水水族箱的注意事項

人工海水

如果是可以汲取海水的環境，就使用海水；如果不行的話，就使用人工海水。所有廠商的海水素都可以使用，不過，是否要使用針對無脊椎動物之類的產品，還是要先告知店家你所飼養的種類，再購買店家建議的商品。之後就是依照比例溶於水中使用。

過濾

每個水族箱都有配備過濾器，過濾面積最好要大一些。過濾面積越大，越不用擔心水質急速惡化的問題，也可以減少換水的頻率。在本文中，每個水族箱都只使用一個過濾器，但其實將外掛式過濾器和投入式過濾器並用會更好。

換水

要在家中檢查pH值之類的水質並不容易，所以請觀察生物的狀況或水的氣味、水的混濁度等來做判斷。只要習慣了就會很簡單。不過初次飼養動物的人，如果覺得難以判斷，剛開始時可以固定3個禮拜換一次水，注意每次只能換掉約3分之1到一半的水，之後再一邊視情況一邊學習吧！

比重

飼養時，水分會蒸發，導致水位下降。於是海水濃度就會增加，往往會導致鹽分變濃。可以在水面處做一個記號，然後用已經除氯的淡水補足蒸發的分量。偶爾使用比重計檢測一下比重，注意要合乎標準值才行。

水溫

除了使用冰箱的動物之外，其餘的都可以放置在室溫下，但夏天太熱可是不行的。請將水族箱放置在北側太陽照不到的房間或玄關等溫度不會太高的場所，或是空調經常運轉的客廳等。如果這樣仍然太熱，可以使用電風扇吹向水面，也能稍微降低水溫。

餵食

對入門者來說，餵食的方法似乎也很困難。即使是相同的生物，食量也會依個體而異，而且也會依每天狀況和身體狀況而異。基本上是一天餵一次，沒吃完的需在30分鐘後清除掉。如果好像不夠吃的話，請增加餵食的次數，而不是增加每次的餵食量。不吃的時候，不勉強餵食也沒關係。任何生物就算幾天不餵食也不會妨礙健康。

章魚

頭腦好，視力佳！還會模仿人哦！

How to keep

會逃走哦！
為了防止逃走，蓋子要用束帶纏住，或是用膠帶固定。

也要準備住家
可以做為藏身處的貝殼之類。

**投入式
過濾器**

DATA

體長 約30〜60cm
棲息於淺海的岩縫裡。

過海濱的散步道路，是我家愛犬達馬斯卡斯（白底黑點的英國雪達犬）最喜愛的散步路線。假日時，我會帶著折疊椅和文庫書，跟可愛的達馬斯卡斯共度幸福的時光。

話雖如此，可是今天退潮退得還真快啊！「去海裡玩吧！達馬斯卡斯。」這樣我就可以慢慢閱讀我的黑暗奇幻小説了。

汪汪！

嗚〜汪嗚汪汪汪！

汪汪汪汪汪汪！

哎呀？喜歡游泳、個性溫和的達馬斯卡斯怎麼叫個不停？是有什麼東西嗎？走過去一瞧，水窪處只有被人丟棄的DEMITASSE罐裝咖啡的空罐而已。可是達馬斯卡斯卻對著小罐子狂吠不已。我覺得納悶，便拿起罐子往裡面一看。

喔！嚇我一跳！裡面竟然有小小的眼睛正盯著我看呢〜嗯？啊！是隻小章魚！好可愛呀……家裡好像有塑膠箱吧〜好！就這麼決定了！

我將用來沖洗狗狗小便用的1.5公升保特瓶的水倒掉，裝了海水回家。再撿一些遺落在附近的貝殼，放入原本用來撿狗大便的塑膠袋中，倒掉些許咖啡罐裡的水，在罐口處塞入手帕就萬無一失了。趕快帶回家吧！

飼養方法

總之就是很聰明

不住在海邊附近的人，當然可以使用在前面說明過的人工海水。在塑膠箱中裝滿海水（或是人工海水）；過濾面積越大越好，所以要放入稍大型的投入式過濾器，還有做為藏身小屋用的岩石

或貝殼等，讓章魚可以游泳。章魚的頭腦很好，能夠輕易打開蓋子等，是有名的脫逃專家，所以蓋子最好要用束帶或膠帶等牢牢固定。

腦筋很聰明！

在章魚面前打開瓶蓋給牠看，章魚就會跟著打開瓶蓋哦！！

被咬到會超級痛！！

章魚嘴很危險！

飼料是什麼？

每天餵食碎魚肉或蛤蜊肉等。吃剩的飼料要立刻清除掉。和其他的動物一樣，在室溫下沒有問題，不過夏天需小心變太熱。

章魚會咬人哦！！

章魚腳的根部（中心部）有足以咬碎硬貝殼的喙部。即使是被小章魚咬到也會非常疼痛。如果是大型章魚，甚至會有咬斷手指造成重傷的危險，請小心。

Tako Cooking

要美味地享用喔！

美味的章魚料理

如果從藏身處出來，將腳伸長顯得沒有精神，或是稍微戳牠一下也是反應遲鈍等等，這樣的狀態如果持續下去，就馬上拿來做料理吧！

章魚飯

把章魚用薑、昆布柴魚高湯以及醬油快速燙過，將洗好的米輕輕瀝乾，再用章魚和昆布柴魚高湯來煮飯。最後放上青紫蘇。

油炸鰹魚和章魚

將章魚和鰹魚先用醬油和味醂調味，裹上麵粉後下鍋油炸。

海星

看起來就像畫一樣，養起來卻超簡單

今天也和達馬斯卡斯到海邊散步。之前帶回家的章魚非常健康，我在餵牠之前會先咚咚地敲打水族箱的蓋子，現在牠已經記住了，只要我咚咚地敲打蓋子，牠馬上就會從藏身小屋出來，好像在說「餵我～」般地想要打開蓋子，真是超級可愛。

那麼，今天會不會也遇見什麼好東西呢？正當我心裡這麼想時，看到前面一群小孩子，好像圍著什麼東西，一下子戳牠，一下子像飛盤般地丟著玩。

於是我上前問道：「你們在做什麼？」他們就俏皮地回答：「有星星掉下來了，所以想把它扔回空中～」或是：「有人的手掉在這裡，我想應該是發生意外了，想確認一下是不是還活著～」

「喂喂，這是叫做海星的海中生物啦……」結果我才剛說完，他們就說：「這個我們知道啦！這位叔叔是笨蛋嗎？」然後逃之夭夭了。

「混蛋傢伙！你們這是在虐待動物吧！一群臭小鬼～你們小心會遭天譴！會遭天譴喲……呼～呼～呼～」哎呀呀！不行，不知不覺間失去理智了……那天我將海星輕輕放回水窪處後就回家了。就在當天夜裡，我被咚咚咚的敲門聲吵醒，從棉被中爬出來開門一看，不正是那隻海星站在那裡嗎？

「之前承蒙您的幫助，感激不盡。我是來報恩的，有沒有任何我可以幫上忙的事？」「我沒什麼事需要請海星幫忙的。」說完後把門一關，人就突然就醒了。這是海星回來報恩嗎？

章魚的旁邊還放著另一個水族箱，要養海星嗎……明天就去帶牠回來吧！

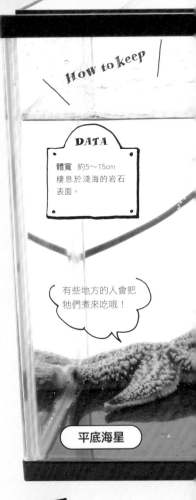

How to keep

DATA

體寬　約5～15cm
棲息於淺海的岩石表面。

有些地方的人會把牠們煮來吃哦！

平底海星

飼養方法

再簡單不過了？

和養魚一樣，不鋪砂礫，簡單地在水族箱中裝滿海水（或是人工海水），只要運轉過濾器就能夠飼養了。當然，要鋪上砂礫、用岩石等做布置也沒有問題，但其實海星喜歡水族箱的玻璃面，經常會在玻璃上爬來爬去。

外掛式過濾器

海燕海星

海邊可以看到的、容易飼養的海星。

飼料是什麼？

貝類或魚類。每天餵食，沒吃完的要當天清除掉。不鋪砂礫的另一個好處是，可以將吃剩的食餌清除乾淨。海燕海星也吃海藻，偶爾也可放入新鮮的昆布等。

紅海星

各式各樣的海星大集合

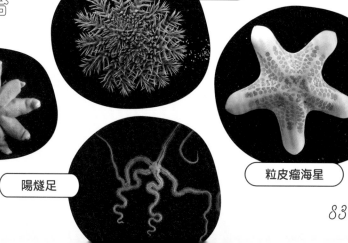

太陽海星

棘冠海星

陽燧足

粒皮瘤海星

海葵

突然來到家中
的動物

用玻璃杯也能飼養的求生韌性

章 魚和海星看起來都很健康。達馬斯卡斯，我們今天也去海邊散步吧！今天是水族箱換水的日子，用大桶子裝些海水回去。對了。順便撿些自然的岩石回去放吧！海邊一如往常。今天因為要汲取海水，選擇了潮位稍高的時間，所以不會有臭小鬼來打擾。

話説，就在我從再次充滿海水的水窪處汲取海水，並尋找有沒有可以放進水族箱中的岩石時，「咦？平常是陸地的地方好像有什麼東西哦！」用手指戳一下，牠馬上就縮回去了！

這不是海葵嗎！原來這個海邊還有海葵呢！仔細看，有許多海葵正在岩縫間的砂地上搖搖晃晃，就連我正想帶回去的小石頭上不也黏著幾隻嗎？

我的天啊！這些海葵我也可以帶回去嗎……

DATA

體寬 2〜4cm
棲息於潮間帶的上部。

外掛式過濾器

How to keep

如果不喜歡水流，就會自行移動哦！

會接受餵食。

84

飼養方法

用玻璃杯也能飼養！

海葵耐高溫和低氧，而且體質強壯，因此若是只想養一個夏天左右的時間，只要定期換水，在玻璃杯中就算沒有過濾器也能飼養。不過，如果想要長期飼養，最好還是在水族箱中裝入海水（或是人工海水），鋪上砂礫，連同岩石也全都配置於水族箱中。如果不喜歡水流或岩石的位置，海葵會自己移動，尋找自己喜愛的場所，所以在放入水族箱的時候，觀察牠每天棲息的場所也很有趣味！因為沒有像滿潮退潮般激烈的水流，因此牠們的身體表面會附著黏膜而無法去除，所以有時也可以用手將水攪混般地幫牠去除。

看過來

不可以強行拔下緊黏在岩石上的海葵，以免撕碎牠的身體。只有找到附著在岩石大小能夠帶得回去的海葵時，才可以帶回。

飼料是什麼？

將魚肉片或蛤蜊肉切碎成5mm左右的大小，用鑷子夾住放在觸手附近，海葵就會取食了。

岩石上有很多海葵附著呢！

海葵是好夥伴？

造殼海葵

寄居蟹鞘群海葵

拳擊蟹海葵

海葵觸手的毒性在海中也小有名氣。所以，有些種類的寄居蟹或螃蟹會把海葵黏附在自己身上。

水母

貼上黑色背幕，夢幻十足！

DATA

傘的直徑
約10cm

輕輕擺動傘狀體
來游泳。

海月水母

飼料是什麼？

被稱為「豐年蝦」的小生物。
有經營海水魚的寵物店通常也
會販售豐年蝦的卵。以加溫過
的海水讓卵孵化，再用玻璃滴
管滴落於水母的傘下，牠就會
用觸手收集進食。

用觸手收集做為
食餌的豐年蝦。

雖然我總是裝酷地說對水族館沒啥興趣，不過在女兒的死纏爛打下，到了水族館後……眼睛就再也移不開了。

水族箱裡漂浮著許多的水母，偶爾還會自己輕輕地擺動傘狀體游泳。大型水母看起來一副無所事事的模樣，就算彼此碰撞到了也毫不在意。這樣的景象真該讓那些在路上一碰到肩膀就互相咆哮的大叔們看看哩！

哎呀呀～也有腳都纏住了的傢伙，不由得讓人發笑。不要再罵那些手勾手的情侶「別在人前調情」之類的了，今後就讓腦中浮現手纏著手的水母吧！

啊啊～漂浮在水族箱中的水母，多麼療癒啊！要我看幾個鐘頭都行。不過，女兒「人家想去看那邊！」的聲音又讓我的疲勞回來了，雖然不想離開水母面前，但無情的時刻還是來臨了。是閉館的廣播。

沒辦法，只好啟程回家啦……「啟」程……「く一」……「養（台語）」……對了，如果在家裡養水母，不就每天都很療癒了嗎？水母應該也可以養吧？

飼養方法

不善游泳，要幫牠製造水流

所有水母的游泳能力都很差，所以水如果沒有流動的話就會沉下去。請用幫浦幫牠製造水流吧！只是，空氣若不小心進入水母的傘狀體內，就會形成破洞，所以要使用不會攪入空氣的過濾器。會攪混水面的過濾器，或是投入式過濾器等都不能使用，當然也不能打氣。水溫在室溫下即可，不過要將水族箱放在水溫不會過度升高的場所。

貼上背景！

貼上黑色的背景圖，更能凸顯水母。

How to keep

觸手有毒
須注意。

置於外側，空氣不會進入的過濾器。

其他的水母也是
這樣就能飼養了！

巴布亞硝水母

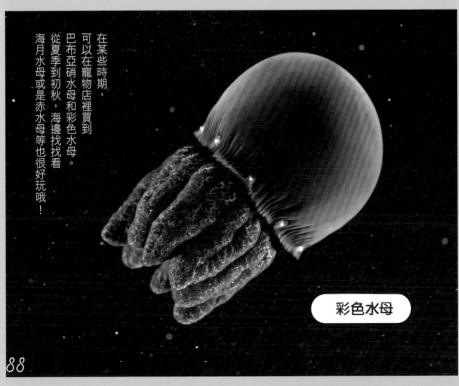

在某些時期，
可以在寵物店裡買到
巴布亞硝水母和彩色水母。
從夏季到初秋，海邊找找看
海月水母或是赤水母等也很好玩哦！

彩色水母

櫛水母

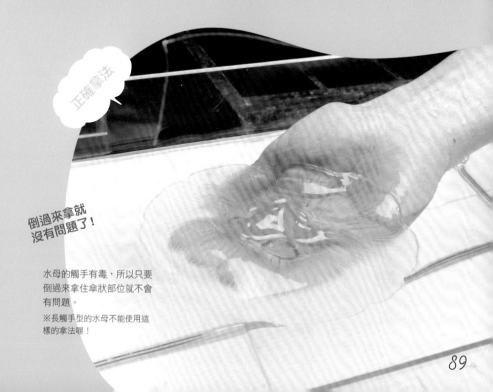

正確拿法

倒過來拿就
沒有問題了！

水母的觸手有毒，所以只要
倒過來拿住傘狀部位就不會
有問題。

※長觸手型的水母不能使用這
樣的拿法喔！

海蛞蝓

已經到藝術品的境界了！

只是飼料很難找……

臣服於水母魅力之下的我，為了看水母，再次來到水族館。此時，在小小的水族箱中發現了海蛞蝓！哇哇！真吸引人哪～五顏六色的，身上長著一叢一叢的東西。不僅如此，當我著迷地看著爬上玻璃面的海蛞蝓時，發現牠們竟然可以這樣爬到水面上。真是讓人百看不厭的生物啊！

因為太有魅力了，所以我就問了一下飼育員，才知道有些海水魚專門店裡可能會有販售，而且在水族館裡展示的海蛞蝓中，似乎有很多在春天到夏天時也能在海邊採集到。我的夢想正在逐漸擴大哩……

次生鰓的正中央有肛門。

觸角是感覺氣味的器官。

看得出來哪裡很漂亮？

用腹足輕快地滑行。

DATA

體長 約2～10cm
棲息於淺海長有海藻或水螅、海綿動物等的岩石上。

海蛞蝓大集合

黑斑片鰓海蛞蝓
（ Dermatobranchus nigropunctatus Baba ）

對翼多彩海蛞蝓
（ Ceratosoma trilobatum ）

斑點側鰓海蛞蝓
（ Pleurobranchaea maculata ）

外掛式過濾器

放進海裡的石頭
放置海裡採集來的岩石
等,有助於穩定水質。

飼料是什麼?

難就在難在飼料⋯⋯海蛞蝓的飼料依種
類而異,不容易取得。只要放入海邊一
起採集回來的岩石,牠就會吃上面附著
的海綿或水螅、水苔等,因此最好能定
期更換岩石。不過,就算無法有效獲得
飼料,身體頂多會稍微縮小而已,也不
至於會餓死。一般認為,不管有沒有給
牠食餌,在飼養狀態下的壽命並不會有
太大的不同。

飼養方法

不可思議的視覺饗宴!

在水族箱中放入人工海水,淺淺地鋪上
砂礫,運轉過濾器,讓水均勻混合。從
寵物店裡購買時,請店家多給一些海
水,慢慢混入已經作水完成的水族箱
中,放入海蛞蝓。如果是在海邊採集到
的,不妨帶一些同地點的岩石回去,放
入水族箱中即可。這樣就可以飼養了。

尾脊卷毛海蛞蝓
(Plocamopherus tilesii)

板盤海蛞蝓
(Platydoris tabulata)

日本石磺海蛞蝓
(Homoiodoris japonica)

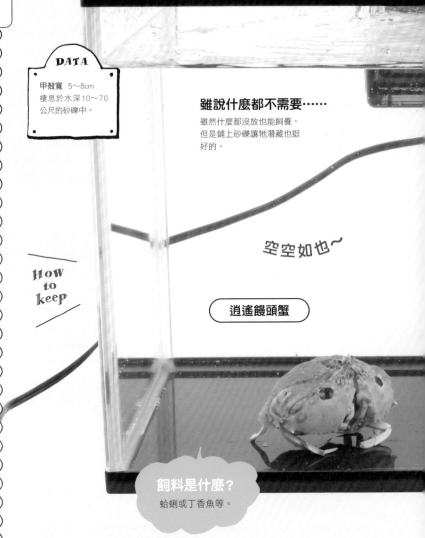

饅頭蟹

外型就像饅頭一樣（笑）

仔細一看還真是可愛啊！

雖說什麼都不需要……

雖然什麼都沒放也能飼養，
但是鋪上砂礫讓牠潛藏也挺
好的。

空空如也～

逍遙饅頭蟹

How
to
keep

飼料是什麼？

蛤蜊或丁香魚等。

哎呀～說到男人的浪漫，就是螃蟹了。只不過帝王蟹或是深海螃蟹之類，養起來總是缺少現實感；話雖如此，一般的河蟹或是濱蟹又太過普通了。

就在這時，被我發現了一種長得像饅頭一樣的螃蟹，叫做饅頭蟹。

遇見牠是在2年前。牠那頗具衝擊性的酷帥外表，讓我一眼就愛上了。

從此以後，我只要一發現有饅頭蟹的水族館就會興奮地前去觀賞……直到某一天才知道，牠竟然可以做一般飼養！

外掛式過濾器

卷折饅頭蟹

鋪上砂礫，就會藏起來只露出眼睛嘟！

不同於水陸兩棲的螃蟹，饅頭蟹是完全生活在水中的，所以水深要稍微深一些，再運轉過濾器，飼養設備就完成了。為了方便清除吃剩的食餌，因此飼養時不鋪設砂礫；但牠原本就是會潛藏於砂礫中的螃蟹，因此也可以鋪上深一點的砂礫，觀賞牠潛入砂礫中的模樣。如果放入可供身體整個潛入的砂礫，牠就會只露出眼睛在外面，非常可愛哦！

藏入沙中也能
看得一清二楚
的眼睛。

討厭！人家會害羞啦……

用一雙大螯遮著
臉，看起來就像
饅頭一樣。

帝王蟹的幼蟹

毬栗蟹

在水族館裡看到的 **奇特螃蟹**

阿氏扁蛛蟹

漢氏勞綿蟹

斑馬蟹

四齒磯蟹

雙刺仿蛛形蟹

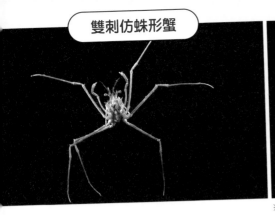

花紋愛潔蟹

什麼怪名字啊！

※譯注：日文直譯為滑滑饅頭蟹。

大集合

冷水系的螃蟹雖然有點難養，
不過全都是些有機會就
會想要養養看的種類呢！

鈍額曲毛蟹

亞齒愛潔蟹

啊！

鴨額玉蟹

花紋細螯蟹

是臉!?

突然來到家中
的動物

裸海蝶

按下滑鼠就可購買！
而且很容易飼養！

哎 呀～真是太震撼了！流冰天使（海天使）裸海蝶竟然有在販售。我一直以為牠是難得一見的稀有生物，在水族館裡看了很久的說……

我啊～實在是太喜歡裸海蝶了～有一天在網路上搜尋「裸海蝶」時，出現了一大堆美麗的照片；我心中大喜，便點開各式各樣的網頁觀賞裸海蝶的圖像。就在看到差不多已經滿足的時候，隨意輸入「裸海蝶飼養」的關鍵字，結果，還真的出現了飼養方法哩！

真令人吃驚，竟然有人飼養這種動物～只不過，要如何才能擁有呢？是要去採集嗎？我隨意地打上「裸海蝶販賣」這幾個字一看……

好便宜！這是怎樣？這到底是怎麼回事？？？？

我一時驚慌失措，等回過神的時候已經訂購3隻了。深夜的網購實在太可怕了～

好吧，裸海蝶也要來到我家了！好高興哦！

用翼足游泳！

從此處伸出
「口錐」進食。

DATA

體長　1～3cm
棲息於寒流海域的
200m上下處。

96

儲備用的海水也要一起放入

換水用的海水也要一起冷藏。

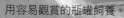

How to keep

飼養方法

多麼輕鬆省事啊！

飼養方法很簡單。裝入現有的瓶罐中，直接放進冰箱冷藏室，偶爾觀賞一下。水溫以2度左右為佳，所以冰箱溫度要設得稍低一些，換水用的海水也裝入寶特瓶中一起冷藏。不需要打氣裝置，只要在心血來潮時換水即可。

用容易觀賞的瓶罐飼養。

飼料是什麼？

一種稱為遞螺的貝類。只是很難取得，而且價錢比海天使還貴，所以水族館也幾乎都不餵食。就算不餵食也不至於死亡，只是身體會稍微縮小而已。

飼料是什麼？

磷蝦或蛤蜊肉，沒有吃完的必須立刻清除掉。

首頸刺鎧蝦

只要應用裸海蝶的飼養方法，就可以飼養冷水系的動物。

這裡的首頸刺鎧蝦，與寄居蟹相近，在市面上也有做為食材流通。相較於裸海蝶，不僅會進食也會經常活動，所以必須充分打氣，經常換水。也可以使用大瓶子，放入投入式過濾器來飼養。

如果把氣泵放在外面，就會打入溫暖的空氣，所以重點是要連氣泵也一起設置於冰箱中。

97

綜合寵物店老闆
後藤先生的飼養方法！

來自朋友
的送養 篇

Profile

後藤貴浩

來自岩手縣花卷市。一方面經營家
庭大賣場內的綜合寵物店，一方面
則日日徘徊於田地間。從寵物到野
生動物的問題，問他準沒錯！

家庭大賣場的寵物櫃位

就像小朋友的諮詢室一樣。

從金魚的飼養方法到山羊和豬的飼養方法，

從外面抓來的蟲到不可思議的天鵝絨蟲，

每天都有人向我提出關於各種動物的飼養問題。

我也養過各式各樣的動物，

而且現在還是綜合寵物專櫃的負責人，

因此不管是被問到什麼樣的問題，

我都會活用過去飼養經驗帶來的資訊及應用方法

來儘量回答各位心中的疑問。

不管是在廟會撈到金魚時，

或是小朋友說他想要養從外面抓來的動物時，

還是想養電視上看到的某種動物時，

或是朋友詢問要不要飼養他家生下的動物時……

任何動物都不要輕易放棄，

先來找我諮詢吧！

我會為你提供最便宜的設備購買方案，

以及對動物而言最安心的飼養方法哦！

倉鼠

就像布娃娃一樣！

小孩從學校回來後無精打采的，該不會是發生了什麼不順心的事情吧？有點擔心地問了一下，原來是朋友家生了倉鼠寶寶。今天死黨4人組都去看了，對方提議說要不要一人養一隻看看。

說起來，女兒不是很喜歡接觸動物，不過她似乎想要養養看。沒想到只是這種小事……害我白操心一場，想養就養啊！

話說回來，並不是所有的爸媽都這麼理解小孩的，通常大部分的家長都會反對飼養。為了慎重起見，在這裡先想想說服爸媽的方法吧。首先，下面這些話絕對不能說出口。

「這是我一輩子的願望。」

「大家都說要養。」

「我一定會負責照顧。」

「我會努力讀書和學習。」

「如果考試考高分就可以養了嗎？」

沒錯！不要牽拖到別人身上，或是列出一堆做不到的約定。直接傳達想要飼養倉鼠的心情就好，不要提出一堆有的沒的條件。

DATA

體長 約15cm
有體型稍大的黃金倉鼠和體型稍小的加卡利亞倉鼠。

長得就像媽媽！

要把這裡當成廁所嗎！？

飼料是什麼？
一般都以為是像葵花籽之類的，不過還是以具備綜合營養的顆粒飼料等為佳。

超可愛的臉！

倉鼠是什麼樣的動物？壽命有多長？吃什麼飼料？剛開始飼養時大概要花多少錢？還有，萬一自己因為畢業旅行等而不在家時，希望有人能幫忙餵食等，這些會造成父母負擔的事也必須如實告知。關於飼養的優點和缺點都要好好呈現才行。

我相信只要小孩有認真提出，就不會有說不行的父母！

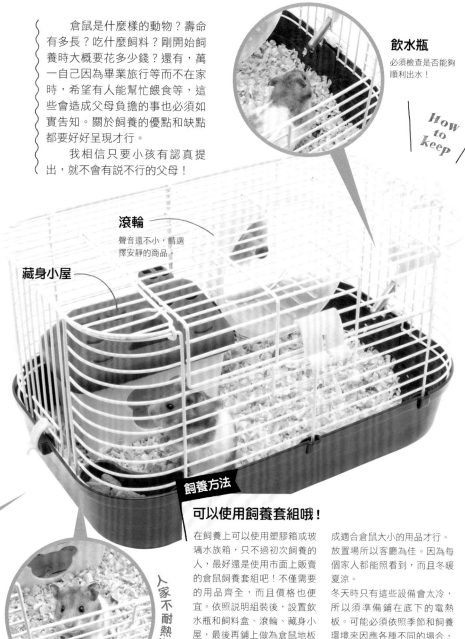

飲水瓶
必須檢查是否能夠順利出水！

How to keep

滾輪
聲音還不小，請選擇安靜的商品。

藏身小屋

人家不耐熱啦~

雖然怕冷，
不過更怕熱。

飼養方法

可以使用飼養套組哦！

在飼養上可以使用塑膠箱或玻璃水族箱，只不過初次飼養的人，最好還是使用市面上販賣的倉鼠飼養套組吧！不僅需要的用品齊全，而且價格也便宜。依照說明組裝後，設置飲水瓶和飼料盒、滾輪、藏身小屋，最後再鋪上做為倉鼠地板材用的木屑即可。剛開始飼養時，這樣就很完美了；但是倉鼠長大後，可能必須慢慢更換成適合倉鼠大小的用品才行。放置場所以客廳為佳。因為每個家人都能照看到，而且冬暖夏涼。

冬天時只有這些設備會太冷，所以須準備鋪在底下的電熱板。可能必須依照季節和飼養環境來因應各種不同的場合，因此若有疑問，請立刻到購買飼養套組的寵物店詢問。

天竺鼠

不只是倉鼠，天竺鼠在飼養下也很容易繁殖，所以也可能會有朋友要送養。先知道一下天竺鼠的飼養方法也不會有什麼損失吧！

飼料是什麼？

給予天竺鼠專用的飼料。一旦維生素不足就會影響身體狀況。

飼料容器

選擇較重的容器，以免打翻。

木屑

放置牧草。

深度要有 30cm！

有30cm深的話，天竺鼠就逃不出去了。

How to keep

飼養方法

只要有衣物箱就綽綽有餘了！

深度只要有30cm，天竺鼠就逃不出去，所以就算沒有高價的飼養籠，也可以用衣物箱等飼養。在衣物箱中鋪滿用於兔子便盆等的木屑，放入飲水容器和飼料容器。另一側則將箱內1/3的空間鋪上牧草。不需要蓋上蓋子，不過夜晚或外出若會擔心的話，也可以花點工夫，將附屬的蓋子以電鑽鑽出許多小洞，或是使用烤肉網等。如果排尿或是排便了，就將該處的木屑清除乾淨即可。

英文名稱是「Guinea Pig（幾內亞豬）」，但他們既不是豬也不是來自幾內亞！

用叫聲溝通。有十幾種不同的含意。

只要有深度30cm的衣物箱就可以飼養！

DATA

體長 約30cm
原本是南美洲那邊的家畜。

八齒鼠

牙齒白表示生病？
黃色的才健康

最近人氣急速上升的八齒鼠，早在十多年前就已經是一般流通的寵物了，不過或許是因為外表樸素的關係，並不是那麼受到歡迎；但是，最近連寵物店或家庭大賣場的寵物櫃位都能看到，變得較為普遍了。大概是因為大家開始了解到牠的個性溫和不怕人，加上容易繁殖的緣故吧！只是，外觀終究是不起眼，家人或許會無法理解「為什麼會想養這個？」

如果想養八齒鼠，打算說服家人的話，捷徑就是訴諸其可愛的個性。不妨先讓家人拿在手上看看吧！和寵物店的人員充分商量後，請他拿出最不怕人的八齒鼠來看看吧！

How to keep

八齒鼠會用叫聲來互相溝通。

外表很樸素，不過動作卻很花俏

由於棲息在山地的岩石地帶，所以很擅長上下的運動。

有高度的籠子

有高度、堅固的籠子。

注意牙齒！

健康時牙齒是黃色的，如果變白色的可能是生病了？

飼料是什麼？

八齒鼠專用飼料（如果買不到，也可以用天竺鼠的飼料代替）以及牧草。

飼養方法

哪有不起眼，很受歡迎呢！

最適合八齒鼠的籠子是有高度的絨鼠用飼養籠。如果用兔子用的飼養籠，可能會從縫隙逃出去；而對於經常上下左右活動的八齒鼠來說，鳥類或倉鼠用的籠子又太小。最低限度的必需品是飲水瓶和飼料盒，以及可以跳上跳下的立腳處。

只要有這些，就可以開始飼養了；等牠習慣環境後，可以再放入滾輪或巢箱等。由於牠也可能會打開入口的門，所以要使用環扣等固定。
雖然身上幾乎沒有體味，不過糞尿相當臭，請每天更換鋪在籠子下面的報紙。

DATA

體長 約20cm
棲息於智利的山岳地帶。

103

刺蝟

刺沒有豎起的時候，就是普通的老鼠⋯⋯

某天，我和在寵物店工作的朋友一起去捉蟲。結果他說把長靴忘在店裡了，所以就先去店裡拿，然後開了幾個鐘頭的車子上山。正當車子停好，準備要套上長靴上山時，朋友突然發出了慘叫聲！

「怎麼了？」我繞到副駕駛座問道。「長靴裡有東西，我的腳被刺到了！」朋友回答。

這下可糟了。還是上醫院比較好吧？不，就算要上醫院，也得先確認到底刺到什麼了。「你先叫救護車吧！我來確認一下是被什麼東西刺到的。」

等我提心吊膽地往長靴裡一看⋯⋯

等等！別叫救護車了，因為在長靴裡面的是刺蝟啦⋯⋯你仔細看看腳！沒有腫起來什麼的吧？真是的！我想是你從店裡把她給帶出來了吧！可是，你店裡應該沒有這麼危險的動物啊！

算了，不論如何，這隻刺蝟還真是可愛呢！可以讓我帶回家嗎？

會蜷起身體保護自己哦！

雖然長相可愛，但被扎到可是很痛的！

DATA
體長　約25m
會挖掘洞穴居住。

飼料是什麼？

刺蝟專用飼料和麵包蟲。
因為販售刺蝟飼料的店家
不多，萬一真的無法買到
時，也可以用狗糧代替。

電熱板

冬天不保溫的話
就會冬眠！

小心會被打翻

使用有重量的飲水
容器，以免打翻。

底床

使用即使誤食也很
安全的東西。

飼養方法

沒有滾輪和
小屋也OK

在稍大一點的塑膠箱中鋪滿
木屑，放置飼料容器和飲水
容器，將塑膠箱放在電熱板
之上。有些人會放入滾輪或
小屋，但因會被糞尿弄髒，
所以不放也沒關係。由於糞
尿的氣味強烈，須經常清除
以保持清潔。

刺只要不豎起
就不會痛哦！

背影就像髮刷一樣!?

105

來自朋友
的送養

金魚

用撈來的金魚玩撈金魚！

廟會的醍醐味就是吃東西和撈金魚。哎呀～撈金魚真是讓人停不了手呀！本人絕對稱不上是高手，就算撈到也頂多只有2～3隻。當然，不是用糯米餅殼那種東西來撈，那個可不成；還是用傳統紙做的那種最好撈。而且地方小廟會的撈金魚也不行，因為紙質太堅固了，一下子就會撈太多。還是跑江湖的撈金魚攤最厲害了，總是恰到好處地煽動我的好勝心。「如何？用這個撈得到嗎？」真是～光是想像右手就自己動起來了。説我是撈金魚中毒也不為過。算了，就算撈到也養不好，所以全都送給旁邊的小孩了（笑）。

跑去撈了金魚……因為紙質太脆弱了，所以連1隻都沒有撈到，不過因為撈了3次，所以老闆送我3隻。正當我懊惱著：「在學校辦的地方廟會明明都能撈到很多隻的説～」時，剛剛在旁邊撈金魚的叔叔追了過來説：「這個給你吧！」然後送給我3隻金魚。「叔叔也撈了3次嗎？」「不是，我是撈到3隻。」「這樣啊！叔叔好厲害哦！謝謝！」

DATA

體長　5～15cm
據説原本是由鯽魚品種改良而來的。

飼料是什麼？

每天將市售的金魚飼料放入幾分鐘內就能吃完的量。

過濾器

可以淨化水質，也有供給氧氣的作用。

放入砂礫，可以讓細菌穩定下來。

也可以做為食餌

水草也可以做為食餌。

飼養方法

你也可以撈到金魚哦！

玩撈金魚撈到的金魚都很虛弱，可以說是常識了。這也無可厚非，因為還很小就在那種惡劣環境中被追得團團轉，體表的黏膜剝落，滿身是傷……

其實，只要在開始飼養之前花點小工夫，就可以像字面敘述般撈到許多金魚了。想要用撈回來的金魚玩撈金魚，首先要在水桶中裝水，加入除氯劑，中和氯氣；然後在裡面加入一把鹽，接著開始打氣（1）。

過了一段時間後，將金魚連同塑膠袋一起浮在水桶中，待兩邊的水溫相同、鹽巴溶解後（2），就一點一點地將水混合，把魚放進水桶中（3）。就這樣放置一整天……

在此期間要設置飼養用的水族箱。水族箱以市面販售的金魚飼養套組最適合。在水族箱內安裝過濾器，鋪上砂礫，裝滿水後，滴入除氯劑並種植水草。水草可以做為金魚的飼料，也可以成為藏身處，所以即使只在剛開始時種植水草，金魚也會感到安心。然後到了第二天，再次將金魚裝入塑膠袋中，浮在飼養水族箱上，讓兩邊的水溫相同，然後一點一點地將水混合，把金魚放進水族箱中。

只要避免殘留吃剩的飼料，大約一個月換一次水就可以了。偶爾也須清洗過濾槽。

來自朋友的送養

美國螯蝦

每個人都曾養過的兒童偶像

DATA

體長 7～10cm
棲息於水流和緩的河川或田地中。

小朋友的偶像「美國螯蝦」。即使是看不出來有沒有養過動物的人，至少也都養過一次美國螯蝦吧！

像這種打從年少時期就已經熟悉的生物，我實在是連做夢都沒有想到，有一天竟然會被視為破壞環境的外來種。不禁讓我想起為了要抓大隻一點的美國螯蝦，而在田地和沼地間到處跑的日子。

雖然至今為止也不算養過太多動物，而且現在我對飼養動物可說是興趣缺缺，再加上我本人也成熟了不少，不過，在路上經過的寵物店裡看到大隻的美國螯蝦時，還是差點就買下來了。

說起來，我家小孩都沒說過想養動物，這樣不會有問題嗎？等一下，還是把這美國螯蝦買回去，一起養養看吧～

飼料是什麼？

市面販售的螯蝦飼料、碎魚肉或金魚飼料、馬鈴薯等，各種食物來者不拒。請餵食能夠很快吃完的量，如果有剩餘，必須立刻清除。

飼養方法

放進太多隻的話會馬上打架喔！

在稍大一點的塑膠箱中，鋪上方便螯蝦行走的砂礫，安裝投入式過濾器和藏身小屋。和魚類一樣使用已經除氯的水。如果放入太多隻，很快就會打起架來，所以不要放入太多。

碎魚肉等會弄髒水質，請經常換水。雖然依狀況而異，不過就算有運轉過濾器，還是以10天為基準換水吧！

How to keep

來自朋友
的送養

澤蟹

讓人想起少年時代的生物

撒下落葉，更有感覺！

飼養方法

讓人湧現鄉愁的第一名！

塑膠箱中鋪上砂礫，放置投入式過濾器，然後堆疊石頭圍住過濾器，打造隱藏處和陸地。小石頭要穩穩地堆疊在大石頭上，小心不要崩塌。也可以撒下落葉等製造氣氛。必須經常換水，只要水一產生氣味，就要清洗過濾器和砂礫。清洗時可以使用自來水，不過飼養水就要使用已經除氯過的水。

飼料是什麼？
澤蟹是雜食性的，所以飼料請以市面販售的螃蟹或鳌蟹飼料為主，也會吃金魚飼料、碎魚肉和高麗菜等。不妨餵食各式各樣的東西，試試他的好惡也很有樂趣哦！

在料亭的宴席上，我的眼光停留在盤子角落的炸澤蟹上，牠孤零零擺立在那。那這奇妙的感覺是怎麼回事？就連在回家的車上，那隻澤蟹仍然在我腦袋裡。說起來，也有好幾年沒看過澤蟹了。沒想到竟然有在料亭吃澤蟹的一天，我也變得有出息了啊！還記得小時候，曾經和損友們一起頂著光頭，在家附近的沼澤地抓澤蟹來玩。

那時候一起去抓澤蟹的伙伴們，現在都在做些什麼呢？這40年來，我只顧著當企業戰士為公司賣命，過著了無生趣的日子，根本沒空去回憶故鄉。甚至連自己有故鄉這件事都記不得了，鄉愁啊……

不好意思，司機先生，可以請你開到車站嗎？說不定還來得及搭新幹線……

DATA
體長 約3cm
棲息於清淨水邊的石頭下。

也有綠色的澤蟹哦！

草龜

動作很慢，頭腦卻很好哦！

我 第一次飼養的動物就是草龜。我跟爸爸説在附近的水池有看到烏龜，可是抓不到，爸爸聽到後就買來給我了。於是就把放在後門的大型醃菜盆拿來飼養2隻草龜，陸地也是用醃漬重石做的。我把牠們養在玄關，好天氣時就拿到外面讓牠們做日光浴，很是疼愛。

不過，過沒多久後，我開始變得貪玩，漸漸不再照顧牠們，好幾次都因為讓水發臭而被罵。即使如此，我還是偷懶不打掃，惹得爸爸生氣了，説出要把烏龜拿去河裡放生的重話。

都這樣了我還是繼續偷懶，最後終於決定要把牠們放生了。曾經是那麼疼愛牠們的，我到底做了什麼事啊！「還是在弄死前先放生比較好。」我接受了爸爸的説法，哭著前往小河放生，至今為止，那一幕依然深深烙印在我腦海裡。無論如何都不想放手的心情、胸口彷彿被勒緊般的感覺、對偷懶這件事深切反省的懺悔……

而且我記得我還在上車前把龜甲擦乾淨，用當時流行的銀色油性筆在牠們的肚子上寫下了住址和姓名……

DATA

體長 約15cm
棲息於水池和河流。
其實是外來種。

翻身或是要在水中呼吸時，都非常好用的長脖子。

拿法

要拿起來時，請牢牢抓住爪子雖以碰到的龜殼側邊。

爪子很堅硬，鉤到會非常疼痛。

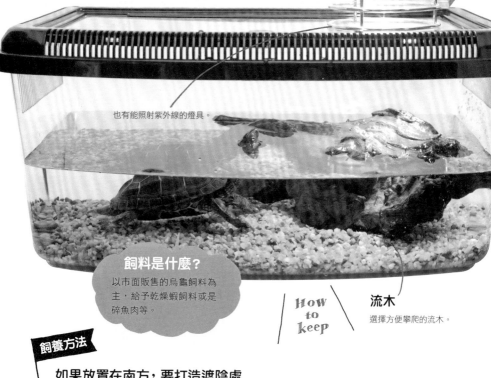

也有能照射紫外線的燈具。

飼料是什麼？
以市面販售的烏龜飼料為主，給予乾燥蝦飼料或是碎魚肉等。

流木
選擇方便攀爬的流木。

How to keep

飼養方法

如果放置在南方，要打造遮陰處

在水盆中裝水，放入砌塊等做為陸地兼隱藏處。最好放置在可照到早晨太陽的東北方；如果放在整天都可照到太陽的向南方，請放置木板等，做成日陰處。只要深度足夠，應該就不會逃跑，只不過為了避免被貓咪等騷擾，夜晚最好用烤肉網等做為蓋子。

換水最好使用汲起後靜置一天的水，不過直接使用自來水也沒有問題。

只有水溫必須注意。即使使用過濾器，水也會很快就髒掉，所以乾脆不設置，還是經常換水吧！寒冷的冬天要飼養在室內，用流木等做為陸地，每天用聚光燈照射幾個鐘頭。

底部的砂礫可有可無，冬天時因為吃得較少，水不會那麼髒，所以建議鋪上砂礫以利步行。

要小心逃走！烏龜雖然動作緩慢，但是很聰明！

如果放置在東北方，直接放著就可以了。

如果朝南放置，可以用木板等做個遮陰處。

鍬形蟲・獨角仙

男孩子心中永遠的憧憬！

感 情融洽的家族們，從今天要開始3天2夜的露營了！爸爸每年都會帶我們來的這個露營場位於山中，人煙稀少，廁所也很遠，有點可怕……

不過呢，我並不討厭來這個露營場，因為這裡可以抓到鍬形蟲和獨角仙！

比起昆蟲採集，我爸爸更熱衷於他擅長的野外料理，不過，沒有負責烹飪的爸爸們就會帶著一群小孩去採集昆蟲。

首先是我爸爸正忙著煮飯、太陽剛剛下山的時候，不過這個時間抓不到什麼蟲，算了，就先觀察一下情況吧！

然後就是吃飯，大家洗澡，堆營火。在睡覺前還會帶我們再去一次！這個時候昆蟲就會聚集在路燈處，非常有趣。有時候回到帳篷也會發現有鍬形蟲停在提燈上。

不過，最快樂的還是破曉時分。在還是黑漆漆一片的時候走進森林，過沒多久，天色就會開始隱隱約約地變亮。這個時間雖然也可以採集，不過比較起來，在太陽升起的時候到外面抓蟲才是最棒的！

注意不要被牠的大顎夾到了！

DATA

體長　約5～7cm
棲息於山林的闊葉樹上。

112

土裡面也可能有卵！

塑膠箱中鋪上約5cm深的昆蟲飼養土，配置棲木。如果是鍬形蟲，就要放入潮濕的朽木。

成蟲在夏天結束時會死亡，但若是雌雄一起飼養的話，一定會產卵。這時請不要丟棄塑膠箱中的泥土和木頭，不妨找找看吧！

如果是獨角仙，只要直接將土全放進塑膠箱中，就可培育幼蟲；如果是鍬形蟲，待幼蟲稍微長大一點後，請移入菌絲瓶這種專門育成用的瓶子中。

朽木也可以做為產卵床。

果凍台

使用果凍台就不會弄髒了。

注意果蠅

針葉樹的木片也有驅趕果蠅的作用。

薄紙

夾入專用紙等，就可以防止果蠅的入侵。

獨角仙的武器就是這隻大角。

防止翻倒的朽木和樹枝等。

飼料是什麼？

將昆蟲果凍放在放置果凍用的台子上。請經常保持果凍充足的狀態。由於甜甜的香氣容易發生果蠅，所以在蓋子下面請夾入驅除果蠅用的紙。

來自朋友
的送養

虎皮鸚鵡

結束人工餵食後才能安心！

DATA

體長 約20cm
原產於澳洲。

有各種顏色的
虎皮鸚鵡哦！

飼料是什麼？

不只有混合各種穀物的
「鸚鵡飼料」，最近也
有顆粒飼料（滋養丸）
的種類。

哥 哥的朋友家有新生的虎皮鸚鵡。「你弟弟很喜歡動物吧？想要的話可以給他喔！」對方這麼說。「你想要嗎？」哥哥問。我回答：「嗯！想要想要！」可是爸爸會准嗎？我們已經養了太多動物，爸媽都快煩死了，而且都沒用功讀書，還瞞著大人跑去危險的沼澤地玩，動物也偷懶不去照顧，老是用線綁著蜻蜓讓牠飛，還把所有的零用錢都花光，改造好的腳踏車也弄壞了，而且你這傢伙才剛被發現不吭一聲地偷偷養蛇哩！

這樣哥哥還會幫我一起拜託爸媽嗎？

哎呀～大概不可能吧⋯⋯

飼養方法

和電子雞是不同的等級

如果你是初次飼養鸚鵡的話，請儘量在人工餵食（用玻璃滴管等餵食）時期結束後再帶回家。人工餵食要一直進行到出生滿50天左右，一天要餵5次，對學生來說是不可能的。如果媽媽是家庭主婦，願意幫忙照顧的話，也可以早一點帶回家。不過，這跟「照顧電子雞」相比，難度可謂天差地別，所以請和家人充分討論後再進行。

如果是等到鸚鵡可獨自進食後才開始飼養的話，首先須準備鳥籠。最初可使用小型的便宜籠子。剛開始時，可以拆掉下面的網架，鋪上報紙。等牠習慣停在棲木上後，再依照籠子的説明書正常組裝。

放入食餌和水，補充鹽土和鈣質。食餌和水必須常備。鳥類經常會自己打開籠門逃走，所以門上最好用夾子等夾住固定。

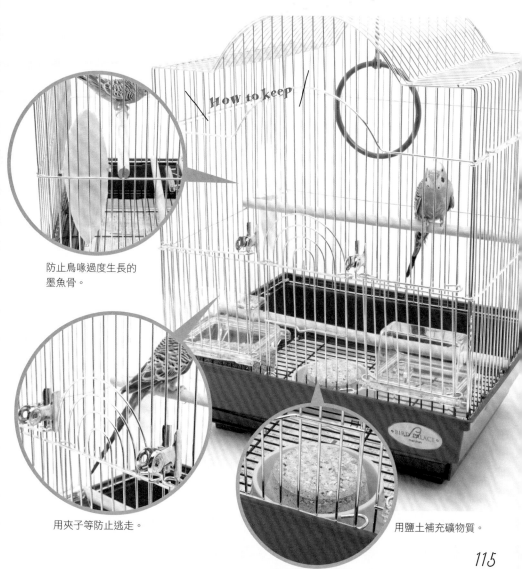

防止鳥喙過度生長的墨魚骨。

用夾子等防止逃走。

用鹽土補充礦物質。

115

鵪鶉蛋

讓超市買來的蛋孵化吧！

聽說相同爸媽會生下相同花紋的蛋？

盒裝販賣的鵪鶉蛋。

朋友跟我說：「你知道超市販售的鵪鶉蛋裡混有受精卵嗎？現在很流行用自製的孵蛋器加熱讓牠孵化哩！要不要一起試試看啊？」

什麼？從來沒有聽說過有這種事啊！我心想不會是真的吧？於是便向喜愛動物的朋友打聽了一下。

於是，「啊～鵪鶉蛋啊～那個一孵就會有小鳥一蹦一蹦地跳出來，真的好可愛呢！只不過

自製的孵蛋器，轉蛋和濕度管理都很困難，所以孵化率很低。而且超市的鵪鶉蛋因為被冷藏過，就算運氣好買到了受精卵，如果無法好好管理，孵化也很困難吧？與其用自製的孵蛋器，我家的孵蛋器是自動轉蛋型的，要借嗎？」

就這樣，輕輕鬆鬆就跟有孵蛋器的人借到手了。看來這真的很流行哦……

116

專用的孵蛋器　　　　　　加濕器

孵出了 2 隻！

飼養方法

17 天就能看到雛鳥！？

安裝孵蛋器的各個零件，在水箱中裝水，打開電源，然後排上超市販售的鵪鶉蛋就可以了。

通常一盒 10 顆裡面只會有 1 顆受精卵，所以也有可能全都不會孵化。

孵化的天數是在 37 度下大約 17 天左右。每天檢查溫度和濕度，不可讓加濕用的水乾掉，其餘都靠全自動就行了……

如果是使用保麗龍或瓦楞紙箱、電爐或保溫燈泡自製孵蛋器的話，則必須 3～5 個小時翻蛋一次。請放在經常經過的地方，每次經過就留心地翻一下蛋吧！

寶寶真可愛……是吧？

很快就會站起來喔！

117

鵪鶉的雛鳥

很快就會順利長大

保溫燈泡
必須以35～40度保溫。

飼養箱
使用塑膠箱或衣物箱等。

鋪上廚房紙巾。

飼料是什麼？
鵪鶉的飼料最好要常備
無缺，讓牠們想吃的時
候就可以吃到。

裝水容器
使用就算進入也
不會溺水的容器。

淺盤
高度低，不會打翻
的飼料容器。

118

超可愛！

和人很親近。

也可以養成
掌上鵪鶉喔！

如果不清掃糞便，
就會在腳上結塊。

飼養方法

用寶特瓶蓋裝水

在雛鳥的羽毛乾燥之前，都要放在孵蛋器中，然後移到飼養用的箱子裡。在塑膠箱或衣物箱中鋪上廚房紙巾，安裝保溫燈泡，配置飼料容器和裝水容器。飼料容器使用較淺的盤子，裝水容器如果不小心弄濕身體的話，體溫會下降，所以要儘量選用小容器。可以使用寶特瓶蓋等，不過因為很快就會被打翻，造成地板濕冷，因此不妨多費點工夫，用黏著劑將3個瓶蓋黏在一起，以避免被打翻。如果被糞便等弄髒了，請立刻清掃。

結　語

　　「飼養動物」並不是一件簡單的事。

　　擁有某程度的知識、家人的許可、和面對死亡的覺悟……
各種條件都必須具備才行。

　　不過，我們小時候應該是這樣的吧？

　　自由自在地將遇見的動物抓回家，在各種錯誤嘗試下進行
飼養，不是嗎？

　　長大後，難免會和動物的距離越拉越遠，但或許是因為現
在身邊的大自然漸漸消失了，也或許是因為現在的小孩不像以
前那麼魯莽了，所以有在飼養動物的孩子們明顯減少了。

　　不過……我寧願相信，在大自然中偶然的相遇，或是在寵

物店和水族館中看到嚮往的動物時，這種想要將眼前的動物帶回家飼養的心情，應該是任何人都有的吧！？

　　飼養動物時，的確需要命中注定的相遇和資訊收集，以及設備投資等等各種條件。可是我認為，為了養活該動物而將自己的五感全部用上，盡全力來飼養這件事，也可以帶來心靈的成長、判斷狀況的能力，並且讓人明白生命的可貴。然後，我也希望各位父母都能成為支持小朋友去做這件事的家長。
　　如果本書能成為大家飼養動物的契機，那就太好了。

動物攝影師　松橋利光

專家們的店

山田先生的店

TOKO CAMPUR

〒 243-0014 神奈川縣厚木市旭町 1-20-13 アオキコーポ 1F
TEL & FAX 046-227-2233
營業時間 12：00 ～ 22：00
公休 週二
官網 http://www.asiajp.net

後藤先生的店

蛙葉堂

〒 252-0104 神奈川縣相模原市綠區向原 3-9-7
TEL 042-783-1081
經營包含 CAINZHOME 城山店、Pet's One、Agua 小動物專櫃在內的家庭大
賣場寵物專櫃等多數店鋪。
官網 http://ameblo.jp/keiyoudou/

攝影協助
鳥羽水族館
　　飼育員　高村直人　森滝丈也　辻 晴仁
　　宣　傳　杉本 幹　斎藤敬介

製作協助&插圖
神田めぐみ

鳥羽水族館

〒 517-8517　　三重縣鳥羽市鳥羽 3-3-6
TEL　0599-25-2555（代表）
http://www.aquarium.co.jp

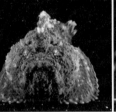

我是企劃宣傳室的杉本。鳥羽水族館可以看到各種生物，請各位一定要來玩哦！

松橋利光

於水族館任職後，轉換跑道成為動物攝影師。專門拍攝水邊動物等野生動物，還有水族館和動物園的動物、奇特的寵物等等，以兒童書籍的製作為主。

從孩提時代就開始飼育各式各樣的動物，以此經驗為基礎，持續不斷地向現今正在養兒育女的世代呼籲飼養動物的重要性。

主要著書有：《日本的青蛙》、《日本的龜・蜥蜴・蛇》（山と渓谷社）、《掌中怪獸》（草炎社）、《被嫌惡者的搖籃曲 青蛙》、《被嫌惡者的搖籃曲 蛇、蜥蜴和壁虎》（グラフィック社）、《抓到動物該怎麼辦？》（偕成社）、《躲在哪裡呢？》、《奇怪動物水族館 充滿疑問的一天》、《逞威風的青蛙君和膽小的卡馬君》（アリス館）、《全球美麗鳥兒的羽毛》（誠文堂新光社）、《跟飼養員打探動物的祕密！》、《鄉村的愜意》（新日本出版社）、《你知道該怎麼抓牠嗎？》（三采）等書。

官　　網 http://www.matsu8.com
部落格 http://matsu8.blog97.fc2.com

國家圖書館出版品預行編目資料

奇妙動物的飼養方法 / 松橋利光著；彭春美譯.
-- 初版. -- 新北市：漢欣文化, 2019.01
128面 ;15×21公分. -- (動物星球；7)
譯自：その道のプロに聞く生きものの飼いかた
ISBN 978-957-686-763-7(平裝)

1.動物 2.寵物飼養

437.111   107020792

動物星球 7

奇妙動物的飼養方法

作　　　者 / 松橋利光

譯　　　者 / 彭春美

出　版　者 / **漢欣文化事業有限公司**

地　　　址 / 新北市板橋區板新路206號3樓

電　　　話 / 02-8953-9611

傳　　　真 / 02-8954-4084

郵 撥 帳 號 / 05837599 漢欣文化事業有限公司

電 子 郵 件 / hsbookse@gmail.com

初 版 一 刷 / 2019年1月

日文原著工作人員

書籍設計　若井夏澄（tri）

編　　輯　藤沢陽子（大和書房）

攝　　影　松橋利光